"十二五"职业教育国家规划教材
经全国职业教育教材审定委员会审定

HUAGONG
ZHEN
DZUO
HIXUN

U0359762

化工仿真操作实训

第三版

○ 陈 群 主编 ○ 许重华 主审

化学工业出版社

·北京·

本书被评为"十二五"职业教育国家规划教材。本书以介绍化工仿真操作为主线，介绍了化工仿真系统学员站的使用和操作方法，典型单元操作过程和化工产品的冷态开车、正常停车和正常运营管理及事故处理的操作规程。每个培训项目还对操作过程、操作的原理、设备的操作要点等进行了介绍，并配有带控制点的工艺流程图、仿DCS图、仿现场图等，注重培养学生规范操作、团结合作、安全生产、节能环保等职业素质，使学生得到必要的分析能力训练和技能训练。

本书可作为高职高专化工、医药、轻工等专业学生的教材，也可作为技术培训、岗位培训教材，还可作为相关专业学生的参考书。

图书在版编目（CIP）数据

化工仿真操作实训/陈群主编. —3 版. —北京：化学工业出版社，2014.10（2024.2重印）
"十二五"职业教育国家规划教材
ISBN 978-7-122-21878-0

Ⅰ.①化… Ⅱ.①陈… Ⅲ.①化学工业-计算机仿真-高等职业教育-教材 Ⅳ.①TQ015.9

中国版本图书馆 CIP 数据核字（2014）第 219551 号

责任编辑：廉　静　　　　　　　　　　装帧设计：刘剑宁
责任校对：宋　玮

出版发行：化学工业出版社（北京市东城区青年湖南街 13 号　邮政编码 100011）
印　　装：大厂聚鑫印刷有限责任公司
787mm×1092mm　1/16　印张 14　字数 330 千字　2024 年 2 月北京第 3 版第 14 次印刷

购书咨询：010-64518888　　售后服务：010-64518899
网　　址：http://www.cip.com.cn
凡购买本书，如有缺损质量问题，本社销售中心负责调换。

定　　价：39.00 元

前　言

本书经全国职业教育教材审定委员会审定，被评为"十二五"职业教育国家规划教材。

随着现代化工生产装置的日益大型化，使得生产过程的连续化、自动化程度不断提高，对生产过程的安全性和稳定性要求也越来越高。由于化工生产过程易燃、易爆的特点，常规的训练方法和训练手段已满足不了对化工从业人员的技能和素养的培养。化工仿真利用计算机模拟真实的化工生产操作和控制环境，能提供安全、经济的离线培训条件，具有很强的实践性和可操作性。目前，仿真培训技术已广泛地应用于各种技能培训中。

本书介绍了过程系统仿真、化工仿真系统学员站的使用及 TDC3000 专用键盘，典型单元操作过程和典型化工产品的冷态开车、正常停车和正常运行管理及事故处理的操作规程。为了使学生进一步巩固所学的理论知识并能将理论知识来指导实践操作，每个项目对反应原理、设备的操作要点、工艺流程等进行了介绍，并配有带控制点的工艺流程图、仿 DCS 图、仿现场图等，力求做到理论联系实际，理论性和实用性的统一。

全书采用模块化和任务式的编排结构，将具有相近知识体系的项目编入同一模块，便于组织教学和开展系统训练。在每个模块前设立了学习指南，以"能"做什么，"会"做什么明确学生的能力目标；以"掌握"、"理解"、"了解"三个层次明确学生的知识目标；以规范操作、安全生产、节能环保、团结协作为素质培养目标，强调学生能力、知识和素质培养的有机统一。为了使学生掌握和理解所学内容，在每个模块后增加了阅读材料，对控制符号和控制规律等进行介绍。每个项目后还列出了一定数量的思考题用于复习和巩固所学内容。

本书配套教学电子课件，可登录化学工业出版社教学资源网查询。另外配套仿真教学软件，可登录 http：//www.besct.com/index.aspx。

本书由常州工程职业技术学院陈群担任主编。模块一、模块二、模块三、模块四、模块五、模块六中项目一、模块七中项目五及所有阅读材料由陈群编写；模块六中项目二、模块七中项目二由孙毓韬编写；模块七中项目一、项目三、项目四由健雄职业技术学院陈雪峰编写。全书由陈群统稿。本书由北京东方仿真控制技术有限公司许重华担任主审，北京东方仿真控制技术有限公司杨杰、覃扬、傅恩庆、刘松等老师参与了对本书的审稿，提出了许多宝贵的意见，在此表示特别的感谢！常州工程职业技术学院刘长春、李英利老师在本书编写过程中也提出了许多修改意见，在此一并表示衷心感谢。

本书既可以作为高职高专化工技术类及相关专业的专业实训教材，也可以作为化工企业新老职工的职业培训教材。

由于编者水平有限，书中不妥之处恳请广大读者批评指正。

编者
2014.9

一版前言

随着化工生产技术的飞速发展，生产装置的大型化、生产过程的连续化和自动化程度不断提高。化工生产常伴随有高温、高压、易燃、易爆等不安全因素，为了保证生产安全稳定、长周期、最优化地运行，常规的教育和培训方法已不能满足对新老职工的培训要求。仿真教学是运用实物、半实物或全数字化动态模型，深层次地提示教学内容的新方法，为受训人员提供安全、经济的离线培训条件，越来越受到人们的重视。

本书依据高职高专人才培养目标，突出能力本位，强调实践操作，并力求做到理论联系实际，注重理论性和实用性的统一。

本书介绍了化工仿真系统学员站的使用及操作方法。考虑到培训内容的完整性，对每一部分内容的原理及工业基础流程进行了介绍，并配有带控制点的工艺流程图、仿 DCS 图、仿现场图。

全书采用模块化的编排结构，强调学生能力、知识、素质培养的有机统一。以"能"做什么、"会"做什么明确学生的能力目标；以"掌握"、"理解"、"了解"三个层次明确学生的知识目标；并注重培养学生的规范操作、团结合作、安全生产、节能环保等职业素质。为便于教学和学生对所学内容的掌握理解，在每个模块前设立了学习指南，每个项目后列出了一定数量的思考题用于复习和巩固所学内容。

本书由常州工程职业技术学院陈群担任主编。模块一、模块二、模块三、模块四、模块五、模块六中项目一由陈群编写；模块六中项目二、模块七中项目二由孙毓韬编写；模块七中项目一、项目三、项目四由健雄职业技术学院陈雪锋编写。本书由北京东方仿真控制技术有限公司许重华担任主审，北京东方仿真控制技术有限公司的杨杰、覃杨、傅恩庆、刘松几位老师对本书提出了许多宝贵的意见，在本书编写过程中得到常州工程职业技术学院薛叙明老师的大力支持，在此一并表示衷心感谢。

由于编者水平有限，书中的不妥之处在所难免，恳请广大读者批评指正。

编　者

2008 年 4 月

二版前言

　　随着化工生产装置的大型化、生产过程的连续化和化工自动化控制程度的不断提高，对从业人员提出了越来越高的要求。由于化工生产独特的生产特点，常规的训练方法和训练手段完全不能满足对高职高专学生化工操作技能和素养的培养，因此，能提供情景化、安全、经济的离线培训条件的仿真教学，越来越受到人们的重视。

　　本书介绍了化工仿真系统学员站的使用和操作方法，典型单元操作过程和化工产品的冷态开车、正常停车和正常运营管理及事故设置及处理的操作规程。为了体现培训内容的完整性，每个培训项目还对操作过程、操作的原理、设备的操作要点等进行了介绍，并配有带控制点的工艺流程图、仿DCS图、仿现场图等，力求做到理论联系实际，理论性和实用性的统一。

　　全书采用模块化和任务式的编排结构，强调学生能力、知识、素质培养的有机统一。以"能"做什么、"会"做什么明确学生的能力目标；以"掌握"、"理解"、"了解"三个层次明确学生的知识目标；并注重培养学生的规范操作、安全生产、节能环保等职业素质。为便于教学和学生对所学内容的掌握理解，在每个模块前设立了学习指南，每个模块后增加了阅读材料。每个项目后列出了一定数量的思考题用于复习和巩固所学内容。

　　本书由常州工程职业技术学院陈群担任主编。模块一、模块二、模块三、模块四、模块五、模块六中项目一、模块七中项目五及所有阅读材料由陈群编写；模块六中项目二、模块七中项目二由孙毓韬编写；模块七中项目一、项目三、项目四由健雄职业技术学院陈雪峰编写。全书由陈群统稿。

　　本书由北京东方仿真控制技术有限公司许重华担任主审，北京东方仿真控制技术有限公司的杨杰、覃扬、傅恩庆、刘松等几位老师参与了对本书的审稿，提出了十分宝贵的意见，在此表示特别的感激！常州工程职业技术学院刘长春、李英利老师在本书编写过程中也提出了许多修改意见，在此一并表示衷心感谢。

　　本书既可以作为高职高专化工技术类及相关专业的专业实训教材，也可以作为化工企业新老职工的培训教材。

　　由于编者水平有限，书中不妥之处在所难免，恳请广大读者批评指正。

编者

2014.1

目　录

模块一 化工仿真操作知识准备

学习指南

☑ **知识目标** 了解仿真、系统仿真、集散控制系统等概念；了解仿真技术的特点、工业应用及今后的发展方向；了解化工仿真培训系统的建立及在学员培训中的优势；了解化工仿真培训系统的组成；熟悉化工仿真系统画面及菜单、界面符号及所代表的意义；掌握化工仿真系统操作原理。

☑ **能力目标** 能熟练进行化工仿真操作系统的启动与退出、画面切换、阀门启闭与开度调节及典型设备开停等基本操作；能根据操作要求对操作参数进行设置；能正确分析和处理操作中出现的问题。

☑ **素质目标** 养成勤于思考和实践的学习习惯；初步树立严格遵守操作规程的职业素质和安全生产、环保节能的职业意识；初步具有理论正确、技术可行、操作安全可靠、经济合理的工程技术观念；逐步养成敬业爱岗、勤学肯干的职业操守。

任务一 认识系统仿真

仿真是对代替真实物体或系统的模型进行实验和研究的一门应用技术科学，是以仿真机为工具，用实时运行的动态数学模型代替真实工厂进行教学实习的一门新技术，是运用高科技手段强化学生理论联系实际的一种新型的教学方法。仿真技术是一门与计算机技术密切相关的综合性很强的高科技学科，是一门面向实际应用的技术。按所用模型的不同，仿真分为物理仿真和数字仿真两类，其中物理仿真是以真实物体或系统，按一定比例或规律进行微缩或扩大后的物理模型为实验对象；数学仿真则是以真实物体或系统规律为依据，建立数学模型后，在仿真机上进行的研究。

一、系统仿真的基本概念

系统仿真是一门面向实际、具有很强应用特性的综合性应用技术科学，其涉及的领域包括工业、医药、航空航天、生物、社会经济、教育、娱乐等方面。

过程系统仿真则是指过程系统的数字仿真，是描述过程系统动态特性的数学模型，它能在仿真机上再现生产过程系统的实时特性，以达到在该仿真系统上进行实验研究的目的。

化学、冶金、食品、发电、制药等工业过程系统均是过程系统的重要组成部分，而各个工业过程系统均存在许多共同点和遵循一些相同的规律，例如由离心泵、换热器、各种反应器、精馏塔、吸收塔等一系列单元操作装置通过管道、阀门连接而成的复杂的化工过程系统，是由各种调节阀、调节器、变送器、指示仪、记录仪或较先进的集散型计算机控制系统（DCS, Distributed Control System, 简称集散控制系统）所控制的。

集散控制系统是 20 世纪 70 年代中期发展起来的新型控制系统。它融合了控制技术、计算机技术、转换技术、通信技术和图形显示技术，是一个利用微型处理机或微型计算机技术对生产过程进行集中管理和分散控制的系统。利用集散控制系统可以实现对生产过程的集中操作管理和分散控制。目前，集散控制系统已广泛地用于住宅及楼宇自控、工业自控、发电业、金属采矿业、水及废水处理业中。

二、仿真技术的工业应用

随着计算机的快速发展和普及，仿真技术在工业领域中的应用已越来越广泛。仿真技术通过对工艺流程进行仿真来模拟各种生产状况、中控室的人机界面（DCS 系统）、自动化系统的各种逻辑关系（ESD 及联锁系统）、工艺流程各环节设备的启动、停止（多种工况）及各种故障情况的应急处理（安全预案）等，同时可包含在线操作指导、工艺操作规程和指导说明，能满足针对操作进行技能鉴定的需要。因此，仿真技术已广泛应用于辅助培训与教学、辅助设计、辅助生产和辅助研究等多个方面，取得了可观的社会效益和经济效益。

采用过程仿真技术辅助培训，就是用仿真机运行数学模型来建造一个与真实系统机相似的操作控制系统，模拟真实的生产装置，再现真实生产过程的实时动态特性，使学员可以得到逼真的操作环境，取得较好的操作技能训练效果。大量的统计结果表明，仿真培训可以使工人在数周内取得现场 2~5 年的经验。由于仿真培训没有危险性，能节省培训费用，大大缩短培训时间，因此，许多企业已将仿真培训列为考核操作工人取得上岗资格的必要手段。

仿真技术在教学中的应用，尤其是在职业教育中的应用，优势更加明显。仿真技术可广泛应用于理论教学、实验教学和实习教学过程中。与传统的现场实习相比，仿真教学的优势在于：一方面克服了现场实习教学只能看不能动手的不足；另一方面克服了因实习现场生产装置越来越系统化、自动化，学生只能看到表面和概貌，无法深入和具体了解的缺陷。再加上仿真教学系统具有较强的交互性能，并能进行各种事故与极限状态的设定，为学生提供了一个不出校门便能了解生产实际并能进行亲自动手反复操作的实践平台。

此外，仿真技术还可用于不同行业、不同领域的辅助设计和辅助生产，如在化工过程领域中的应用就包括工艺过程设计方案的试验与优选、工艺参数的试验与优选、设备的造型和参数设计的试验、生产优化可行性试验与生产优化操作指导、满足在 Internet 网络上运行和组织的需要以及 ERP 中人力资源模块整合等方面。

随着计算机及网络技术、多媒体技术等的迅猛发展，相信仿真技术在未来社会和经济发展的各个领域将会得到越来越广泛的应用。

三、化工仿真系统的发展

现代化工企业生产方式正发生着改变（向大型联合装置发展，并且大量应用 DCS、FCS，操作范围扩大、操作难度增加），现代化工企业操作岗位的需求也发生着改变，仿真系统也从实物仿真装置、纯仿真软件向仿真工厂、仿真系统网络化和 3D 化方向发展。

任务二　认识化工仿真培训系统

化学工业是国民经济的重要基础产业，化学工业的发展水平是衡量一个国家国民经济发展水平的重要标志之一。与其他生产过程相比，化工生产过程具有以下明显的特点。

① 易燃、易爆和有毒、有腐蚀性的物质多。化工生产过程中的原料、半成品和成品种类繁多，绝大部分是易燃、易爆、有毒、有腐蚀性的化学危险品。如合成氨生产中的氢、

氨、一氧化碳，有机合成生产中的乙炔、乙烯、苯、苯酚、硝基和氨基化合物等。这些物质在贮存、运输或生产使用过程中，如果管理或使用不当都会发生火灾、爆炸、中毒或烧伤等事故。

② 高温、高压设备多。为了适应生产的要求，化工生产中常采用高温、高压或低温、高真空度等较特殊的工艺条件。如合成氨生产中合成塔的工作压力为 30MPa，生产高压聚乙烯的压力为 294MPa，生产聚酯切片的压力小于 70Pa。如果设备制造不符合要求，或设备严重腐蚀又没有及时检修，或由于操作不当导致灾害性事故的发生。

③ 工艺复杂，操作要求严格。化工生产装置大型化、生产过程连续化和过程控制自动化，已成为现代化工生产技术飞速发展的标志。一种化工产品的生产往往由一个或几个车间组成，而每个生产车间都包括许多化工单元操作。化工生产过程多为高度自动化、连续化，生产设备多为密闭式，生产操作则由分散控制转变为集中控制、由人工操作变为仪表和计算机自动操作。由于这些特点，操作要求更为严格，化工操作人员必须具有各方面的知识和技能，才能确保安全生产。

④ "三废"多，污染严重。化学工业产生的"三废"多，造成的污染严重。化学工业产生的废气，主要是化学反应不完全或副反应所产生的废气，以及能源燃烧时产生的废气。化学工业废水排放量大，主要有冷却用水和反应、洗涤用水，这些废水中含有大量的化学污染物，如工业油污、重金属及其化合物、有机化合物等物质。化工生产中的"三废"具有排放量大、毒性大、污染分布面广的特点，已经对全球生态平衡造成极大危害。

为保证化工生产安全、稳定、长周期、满负荷、最优化地进行，化工行业对化工操作人员的综合素质要求越来越高，职业教育和在职培训也就显得越来越重要。但鉴于化工生产的上述特殊性，常规的教育和培训方法已不能满足生产要求，而现代化工仿真模拟技术则成为当前职业教育和在职培训强有力的工具。

化工仿真作为仿真技术应用的一个重要分支，主要是对集散控制系统化工过程操作的仿真，用于化工生产装置操作人员开车、停车、事故处理等过程的操作方法和操作技能的培训与训练。

一、化工仿真培训系统的建立

化工仿真培训系统的建立是以实际生产过程为基础，通过建立生产装置中各种过程单元的动态特征模型及各种设备的特征模拟生产的动态过程特性，创造一个与真实化工生产装置非常相似的操作环境，其中各种画面的布置、颜色、数值信息动态显示、状态信息动态指示、操作方式等与真实装置的操作环境相同，使学员有一种身临其境的真实感。

1. 化工实际生产过程

整个化工生产过程首先由操作人员根据自己的工艺理论知识和装置的操作规程在控制室和装置现场进行操作，操作信息送到生产现场，在生产装置内完成生产过程中的物理变化和化学变化，同时一些主要的生产工艺指标经测量单元、变送器等反馈至控制室。控制室操作（内操）人员通过观察、分析反馈来的生产信息，判断装置的生产状况，实施进一步的操作，使控制室和生产现场形成了一个闭合回路，逐渐使装置达到满负荷平稳生产的状态。

实际的化工生产过程包括四个要素：控制室、生产装置、操作人员、干扰和事故。

控制室和生产现场是生产的硬件环境，在生产装置建成后，工艺或设备基本上是不变的，操作人员分为内操和外操。内操在控制室内通过 DCS 对装置进行操作和过程控制，是化工生产的主要操作人员。外操在生产现场进行诸如生产准备性操作、非连续性操作、一些机泵的就地操作和现场的寻检。

干扰是指生产环境、公用工程等外界因素的变化对生产过程的影响，如环境温度的变化等。事故是指生产装置的意外故障或因操作人员的误操作所造成的生产工艺指标超标的事件。干扰和事故是生产过程中的不定因素，但这对生产有很大的负面影响，操作人员对干扰和事故的应变能力和处理能力是影响生产的主要因素。

2. 仿真培训过程

仿真培训是通过学员在"仿控制室"（包括图形化现场操作界面）进行操作，操作信息通过网络送到工艺仿真软件。生产装置工艺仿真软件完成实际生产过程中的物理变化和化学变化的模拟运算，一些主要的工艺指标（仿生产信息）经网络系统反馈到仿控制室。学员通过观察、分析反馈回来的仿生产信息，判断系统运行状况，进行进一步的操作。在仿控制室和工艺仿真软件间形成了一个闭合回路，逐渐操作、调整到满负荷平衡运行状态。仿真培训过程中的干扰和事故由培训教师通过工艺仿真软件上的人/机界面进行设置。

3. 实际生产过程与仿真过程的比较

"仿控制室"是一个广义的扩大了的控制室，它不仅包括实际DCS中的操作画面和控制功能，同时还包括现场操作画面。仿真培训系统中无法创造出一个真实的生产装置现场，因此现场操作也只能放到仿控制室中。仿真培训系统中的现场操作通常采用图形化流程图画面。由于现场操作一般为生产准备性操作、间歇性操作、动力设备的就地操作等非连续控制过程，通常并不是主要培训内容。因此，把现场操作放到仿控制室并不会影响培训效果。

二、化工仿真培训系统的结构

仿真培训系统根据不同的培训对象和应用对象采用不同的结构，设置不同的培训功能。目前，仿真培训系统有两种形式，一种是PTS（Plant Training System）结构，PTS结构的硬件系统是由一台上位机（教师指令台）和最多十几台下位机（学员操作站）构成的网络系统，它针对装置级仿真培训系统，适合于化工企业在岗职工的在职培训；另一种为STS（School Teaching System）结构，STS结构硬件系统则是由一台上位机（教师指令台）和多台下位机（学员操作站）组成的网络系统。教师指令台是教师组织管理仿真培训的控制台，与学员操作无关。STS结构软件可以上、下机联网培训，也可以单机培训。STS结构针对单元级和工段级仿真培训软件，适用于大中专及职业技术学校学生和工厂新职工的岗前培训。

本书所介绍的化工单元仿真教学系统是STS结构系统。

任务三　掌握 CSTS2007 仿真培训系统学员操作站的使用

教师指令台和学员操作站的作用和功能不同，因此在教师指令台和学员操作站上所运行的软件也不同。在学员操作站上运行的是仿真培训软件，仿真培训软件包括工艺仿真软件、仿 DCS 软件和操作质量评分系统软件三部分。

一、仿真培训软件的启动

启动计算机，单击"开始"按钮，弹出上拉菜单，将光标移到"程序"，随后将光标移到"东方仿真"，在弹出的菜单中单击"STS化工实习软件2007"中的"化工实习软件2007"，弹出如图1-1所示的学员站登录界面。

学员可以根据需要选择自由训练或在线考核。自由训练是单机运行方式，是在没有连接教师站的情况下运行软件，主要用于对学员的操作培训和操作训练。在线考核是网络运行方

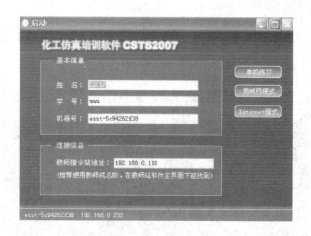

图 1-1　化工仿真培训软件 CSTS2007 启动界面

式，一般用于对学生学习的成绩考核，可将学生成绩提交到教师站，由教师站对学生成绩统一评定和管理。

系统登录的方式有两种，一种是匿名登录；另一种是设定姓名、学号（姓名和学号必须填写）进行登录。如果选择的是在线考核，则教师站指令地址（即安装教师站的电脑的 IP 地址）也必须填写正确。

二、培训参数的选择

化工仿真系统 CSTS2007 启动后，单击"自由训练"，进入培训参数选择界面，在培训参数选择界面下可进行项目类别、培训工艺、培训项目和操作风格等的选择。

1. 培训工艺

CSTS2007 仿真培训系统提供了六大类、15 个仿真操作培训单元，如图 1-2 所示。选择其中的某个培训单元，点击鼠标左键，选中后该单元泛蓝显示，再用鼠标左键单击"启动项目"图标，所选培训工艺生效，同时退出该窗口。

2. 培训项目选择

单击"培训项目"，右边框中出现具体培训项目，可选择冷态开车、正常运行、正常停车和具体的事故等，如图 1-3。选中后该项目泛蓝显示。双击鼠标左键或用鼠标左键单击"启动培训单元"图标，所选培训项目生效，同时退出该窗口。

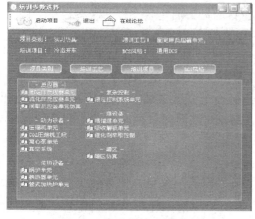

图 1-2　培训参数选择界面

图 1-3　培训项目选择操作界面

3. DCS 风格

点击 DCS 风格，则会出现图 1-4 所示界面，有通用 DCS 风格、TDC3000、IA 系统和 CS3000 风格可供选择。

图 1-4　DCS 风格选择操作界面

通用 DCS 风格、TDC3000 风格和 IA 风格都是一个标准的 Windows 窗体。其中通用 DCS 风格上面有菜单，中间是主要操作区域，下面有 10 个按钮，点击可以弹出相应的画面，最下面的状态栏显示程序当前的状态。TDC3000 风格上面有菜单，中间是主要显示区域，下面是主要操作区。IA 风格上面有菜单，中间是主要操作区域，下面有 8 个按钮，点击可以弹出相应的画面，最下面的状态栏显示程序当前的状态。CS3000 为多窗口操作，最多同时可以打开五个窗口。运行 CS3000 后，在屏幕的上方出现一个系统窗口，该窗口为 CS3000 的常驻窗口，屏幕上所有其他应用程序不可占用此位置，只有当 CS3000 退出后，此窗口才会消失。

选择完毕后，单击"启动项目"，便进入程序的主界面。

三、画面及菜单介绍

进入仿真培训系统后，仿真操作系统程序主界面是一个标准的 Windows 窗口。窗口上方有菜单栏，菜单栏包括工艺、画面、工具和帮助四个部分；窗口的中间是主要操作区域，包含有若干个按钮，点击可以弹出相应的画面；窗口的最下面是状态栏，状态栏显示程序当前的工作状态，每个状态栏均包含 DCS 图和现场图。

在 Windows 的任务栏中还可以见到智能评价系统和 DCS 集散控制系统的图标。其中 DCS 集散控制系统是学员进行工艺操作训练的界面，也是主要的操作界面。在培训过程中不能将 DCS 集散控制系统和智能评价系统中的任何一个系统关闭，否则仿真系统将退出。两个系统间的相互切换采用 Windows 标准任务切换方式，即用鼠标左键点击任务图标便可完成在两个系统间的切换。

1. 工艺子菜单

将鼠标移至 DCS 集散控制系统主菜单上并单击"工艺"菜单，便会弹出如图 1-5 所示的下拉菜单。在工艺子菜单中包括信息总览、工艺内容切换、操作进度存盘和重演等功能菜单。

（1）当前信息总览

单击"当前信息总览"后，弹出如图 1-6 所示项目信息浏览图界面，在图上显示出当前项目信息，包括当前工艺、当前培训和操作模式等信息。

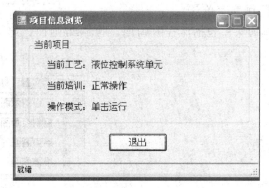

图 1-5 工艺下拉子菜单　　　　　　　图 1-6 项目信息浏览图界面

（2）重做当前任务

单击"重做当前任务"，则会重新启动化工仿真系统，重新初始化运行环境和历史趋势，加载点库和点库数据、数学模型和模型数据及其他信息等。

（3）培训项目选择

选择功能菜单"培训项目选择"后，则会出现是否"退出当前的工艺?"对话框，按"是"，则会进一步出现如图 1-7 所示的警告提示对话框，选"是"则 DCS 仿真系统关闭，重新回到培训参数选择界面，可对培训项目进行重新选择。选"否"，当前对话框退出，继续进行当前操作。

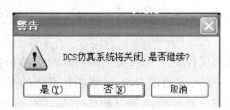

图 1-7 DCS 仿真系统关闭对话框

（4）切换工艺内容

单击"切换工艺内容"，根据提示进行操作便可完成对工艺内容的重新选择。

（5）进度存盘和进度重演

进度存盘是对操作过程中的操作状态以文件的形式进行保存。

进度重演则可以通过打开原先保存的文件来查看原先的操作状态或对原先的状态进行继续操作。

（6）系统冻结

工艺仿真模型处于"系统冻结"状态时，不进行工艺模型的计算；相应地，仿 DCS 软件也处于"冻结"状态，不接受任何工艺操作（即任何工艺操作视为无效），而其他操作（如画面切换等）则不受系统冻结的影响。系统冻结相当于暂停，所不同的是，它只是不允许进行工艺操作，而其他操作并不受影响。

在菜单中选中"系统冻结（或系统解冻）"项，经确认后系统便冻结（或系统解冻），同时功能菜单项变为系统解冻（或系统冻结）。

（7）系统退出

选择"系统退出"，则关闭化工仿真系统 CSTS2007，回到 Windows 桌面下。

2. 画面菜单

画面菜单包括流程图画面、控制组画面、趋势画面、报警画面等功能菜单，如图 1-8 所示。

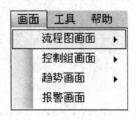

图 1-8　画面菜单图

（1）流程图画面

流程图画面是主要的操作界面，包括流程图、显示区域和可操作区域。流程图画面中包含与操作有关的化工设备和控制系统的图形、位号及数据的实时显示，在流程图画面中可以实现控制室与操作现场全部仿真实习的手动和自动控制操作。

显示区域用来显示流程中的工艺变量的值。显示区域又可分为数字显示区域和图形显示区域。数字显示区域相当于现场的数字仪表。图形显示区域则相当于现场的显示仪表。

流程图画面中可操作的区域又称为触屏，当鼠标光标移到上面时会变成一个手的形状，表示可以操作。鼠标单击时会根据所操作的元素有不同的操作效果，包括切换到另一幅画面、弹出不同的对话框等。对于不同风格的操作系统，即使所操作的元素相同，也会出现不同的操作效果。

在流程图画面中，可以完成控制室与现场全部仿真的手动和自动操作。

① 通用 DCS 风格的操作系统　通用 DCS 风格操作系统的操作效果包括弹出不同的对话框、显示控制面板等。对话框一般包括两种（如图 1-9），对话框的标题为所操作对象的名称和编号。

对话框1

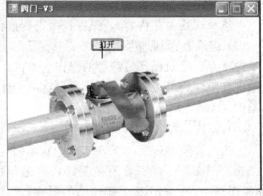

对话框2

图 1-9　阀门操作效果对话框

对话框 1 一般用来设置泵及阀门等的开关（即只有打开与关闭两个值）。点击"开（ON）"，阀门或电机颜色变为绿色，表示阀门已开启或电机已工作；单击"关（OFF）"，阀门或电机颜色变为红色，表示阀门已关闭或电机已经停止工作。

对话框 2 一般用来设置阀门的开度，输出值（OP）为 0～100 间的值时，阀门开启，阀门颜色变为绿色，而且阀门的开度随输入的数值增加而增大。当输出值（OP）为 0 时，调节阀颜色为红色，表示阀门已关闭。阀门开度的调节方式有两种，一种是直接输入数值，按回车确认即可；第二种是直接单击"开大"或"关小"按钮，点击一次，阀门的开度便增加或减小 5%。

当鼠标接近调节器位号时会转变成手形光标，并在调节器处出现一个绿色的长方形选定框，点击后出现如图 1-10 所示的调节器的位图。

a. 调节器状态设置　点击"AUT"按钮，调节器置于自动控制状态；点击"MAN"按钮，调节器置于手动状态；点击"CAS"按钮，调节器置于串级状态。

b. 调节器位图中数值设定　调节器位图中有三个值：设定值 SP，为工艺控制目标值；测量值 PV，显示仪表测定的系统值；输出值 OP，为开关阀控制值，通过 OP 值的调节控制PV 值的输出。

当调节器处于手动状态时，调节器位图中的 OP 值可以更改，SP 值和 PV 值显示相同值，且不可修改。单击调节器位图中的 OP 值显示框，弹出调节器参数整定位图，在"DATA="框中输入具体数值，点击确定，完成 OP 设定。调节 OP 值使 PV 值接近 SP 值时投入自动控制状态。

图 1-10　调节器的位图

上述操作完成后，单击左键或按回车键即可完成设置，如果没有按回车而点击了对话框右上角的关闭按钮，设置将无效。

② TDC3000 风格的操作系统　TDC3000 系统在我国广泛用于化工、石油冶炼、钢铁、矿产、石油、天然气等工业领域中，TDC3000 风格的操作系统的操作区有下面三种形式，如图 1-11、图 1-12、图 1-13 所示。操作区内包括所操作区域的工位号及相关描述。

图 1-11 所示操作区一般用来设置泵和阀门的开关（只有开与关两个值），点击"OP"

图 1-11　操作区 1 界面图

会出现"OFF"或"ON"，根据需要执行完开或关的操作后点击"ENTER"，"OP"下面会显示操作后的新的信息。点击"CLR"键则会清除操作区。

图1-12所示操作区一般用来设置阀门开度或其他非开关形式的量。"OP"下面显示该变量的当前值。点击"OP"则会出现一个文本框，在下面的文本框内输入想要设置的阀门开度或其他非开关形式的数值，然后按回车键即可完成设置。

图1-12　操作区2界面图

图1-13所示操作区主要是显示控制回路中所控制的变量参数的测量值（PV）、给定值（SP）、当前输出值（OP）、操作方式（MAN/AUTO/CAS）等。在该操作区可以完成"手动/自动"方式的相互切换，在手动方式下进行输出值的设定等。

图1-13　操作区3界面图

（2）控制组画面

控制组画面包括流程中所有的控制仪表和显示仪表，每块仪表反映一个点的位号、变量的描述以及对应变量的设定值（SP）、测量值（PV）、输出值（OP）及操作状态（手动、自动、串级或程序控制）。对模拟量用棒形图动态显示其当前PV、OP值。

（3）趋势画面

趋势画面反映的是当前控制组画面中的"可趋势点"的实时或历史趋势，它可由若干个趋势图组成。趋势图的纵坐标表示变量的值，横坐标表示时间，趋势图的左侧最多可同时跟踪测量8个变量，每个测量的变量内容分别包括位号、对应变量的描述、测量值及对应的单位（如图1-14所示）。每个趋势图最多可有8条趋势线，分别用不同的颜色表示，与每个趋势点上方的趋势标记颜色相对应。也可根据需要移动绿色的箭头来查看其中某一变量的运行趋势。

（4）报警画面

单击"报警画面"菜单中的"显示报警列表"，将弹出报警列表窗口（如图1-15所示）。

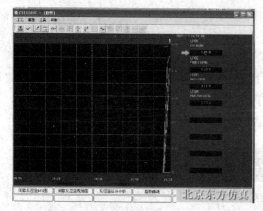

图1-14　趋势画面

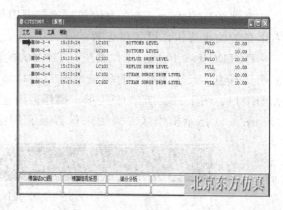

图1-15　报警画面

其中报警的时间是指报警时计算机的当前时间；报警点名为报警点所在流程中的工位号；报警点描述是对报警点工位号物理意义的描述；报警的级别则是根据工艺指标的当前值接近其上下限的程度来划定，分为高高报（HH）、高报（HI）、低报（LO）、低低报（LL）四级；报警值是指发生报警时工艺指标的当前值。

3. 工具菜单

工具菜单包括变量监视和仿真时钟设置两个子菜单。

（1）变量监视

选中"变量监视"项后，便弹出"变量监视"窗口（如图 1-16 所示）。通过"变量监视"窗口可实时监测各个点对应变量的当前值和当前变量值，了解变量所对应的流程图中的数据点、对应数据点的物理意义的描述、数据点的上下限等。

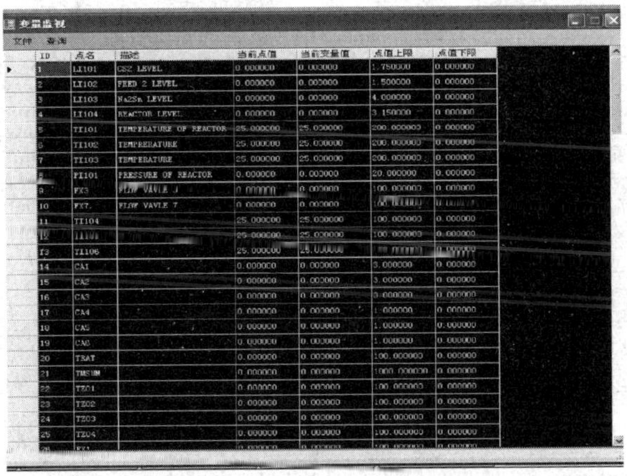

图 1-16　变量监视界面图

文件菜单中包括读点库数据、存点库数据、读模型数据、存模型数据、生成培训文件、退出等功能菜单。

查询菜单则包括显示所有、点查询和点值查询等功能菜单。

（2）仿真时钟设置

"仿真时钟设置"即时标设置，是设置仿真程序运行的时标。选择该项会弹出时标设置对话框（如图 1-17 所示）。点击选择不同的时标可加快或减慢系统运行的速度，系统运行的速度与时标成正比。

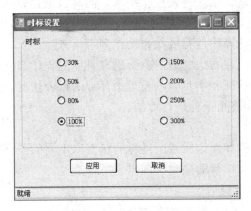

图 1-17　仿真时钟设置窗口

（3）帮助

帮助菜单包括帮助主题、产品反馈、激活管理、关于。

① 帮助主题　通过帮助主题可以查看相关帮助。

② 产品反馈　用户可以将一些意见通过电子邮件反馈给北京东方仿真有限公司。

③ 激活管理　主要用于仿真软件安装中进行激活。

④ 关于　通过关于可了解北京东方仿真有限公司的相关信息和其他产品。

四、符号说明

仿真操作软件中出现的符号意义如表 1-1 所示。

表 1-1　仿真操作软件中常见符号的意义

符号	说　　明	符号	说　　明
P	Pressure　压力	TI	Temperature Indication 温度指示
I	Indicator　指示器	LIC	Level Indication Control 液位指示控制
C	Control　控制	PIC	Pressure Indication Control 压力指示控制
F	Flowrate　流量	PI	Pressure Indication 压力显示
L	Level　液位	FIC	Flow Indication Control 流量指示控制
V	Valve　阀	P	Pump　泵
OP	Output　输出值	ON	On 开
SP	Set Position　设定值	OFF	Off 关
PV	Process Variable　过程值（测量值）	MAN	Manual 手动状态
P(PID)	Proportion　比例	AUTO	Automatic 自动状态
I(PID)	Integral　积分	CAS	Cascade Option 串级控制
D(PID)	Derivative　微分	DCS	Distribute Control System 分布（集散）控制系统

五、仿真培训系统的退出

退出系统可以在培训参数选择界面点击"退出"，也可以在工艺菜单下选择系统退出。

任务四　认识操作质量评分系统

启动 CSTS2007 仿真培训系统进入操作平台，同时也就启动了过程仿真系统平台 PISP-2000 智能评价系统，智能评价系统画面对操作过程进行实时跟踪检查，并根据组态结果对其进行分析诊断，将错误的操作过程或操作动作列举出来。

点击每一条操作步骤，在右边的框内就会出现具体的操作步骤以及对于步骤的描述，包括对这一操作步骤的操作诊断和本步骤（质量指标）的得分情况，操作诊断中也同时对操作（质量指标）的起始条件和终止条件进行评测。

一、操作状态指示

该功能对当前操作步骤和操作质量所进行的状态以不同的图标表示出来。操作系统中所用的光标说明可以从评分系统帮助菜单中调出。

1. 操作步骤状态图标及提示

图标◈（红色）：表示此过程的起始条件没有满足，该过程不参与评分。

图标◈（绿色）：表示此过程的起始条件满足，开始对过程中的步骤进行评分。

图标●（红色）：为普通步骤，表示本步还没有开始操作，也就是说，还没有满足此步的起始条件。

图标◎（绿色）：表示本步已经满足起始条件，但此操作步骤还没有完成。

图标✓（绿色）：表示本步操作已经结束，并且操作完全正确（得分等于100%）。

图标✗（红色）：表示本步操作已经结束，但操作不正确（得分为0）。

图标○（蓝色）：表示过程终止条件已满足，本步操作无论是否完成都被强迫结束。

2. 操作质量图标及提示

图标冃（红色）：表示这条质量指标还没有开始评判，即起始条件未满足。

图标▦（红色）：表示起始条件满足，本步骤已经开始参与评分，若本步评分没有终止条件，则会一直处于评分状态。

图标◎（蓝色）：表示过程终止条件已满足，本步操作无论是否完成都被强迫结束。

图标▨（红色）：在PISP-2000的评分系统中包括了扣分步骤，主要是当操作严重不当，可能引起重大事故时，从现有分数中扣分，此图标表示起始条件不满足，即还没有出现失误操作。

图标▨（红色）：表示起始条件满足，已经出现严重失误的操作，开始扣分。

二、操作方法指导

智能评价系统可以在线给出操作步骤的指导说明，对操作步骤的具体实现步骤进行具体的描述（见图1-18所示）。

当鼠标移到质量步骤一栏，所在栏就变蓝，双击鼠标左键便会出现操作所需要的详细操作质量信息对话框，如图1-19所示。通过该对话框就能查看该质量指标的运行情况，质量指标的目标值、上下允许范围、上下评定范围等。

图1-18 操作步骤说明

图1-19 操作质量信息对话框

三、操作诊断

智能评价系统通过对操作过程的跟踪检查和诊断，将操作得分情况、操作错误的操作过程或操作动作一一加以说明，提醒学员对这些错误操作查找原因并及时纠正，以便在今后的训练中进行改正及重点训练。

智能操作诊断画面对操作过程进行实时跟踪检查，并根据组态结果对其进行分析诊断，将诊断后的操作过程或操作结果列举出来，如图 1-20 所示。

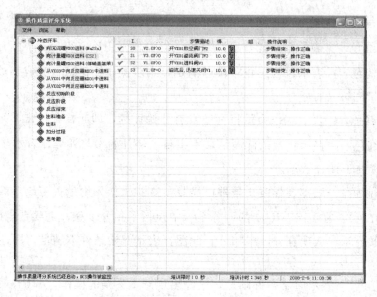

图 1-20　操作诊断结果

四、操作评定

智能评价系统能实时对操作过程进行评定，对每一步进行评分，并给出整个操作过程的综合得分，还可根据需要生成评分文件。

五、其他辅助功能

评分系统除以上功能外，还具有其他的一些辅助功能。

① 生成学员成绩单　单击"浏览"菜单中的"成绩"，就会弹出如图 1-21 所示的对话

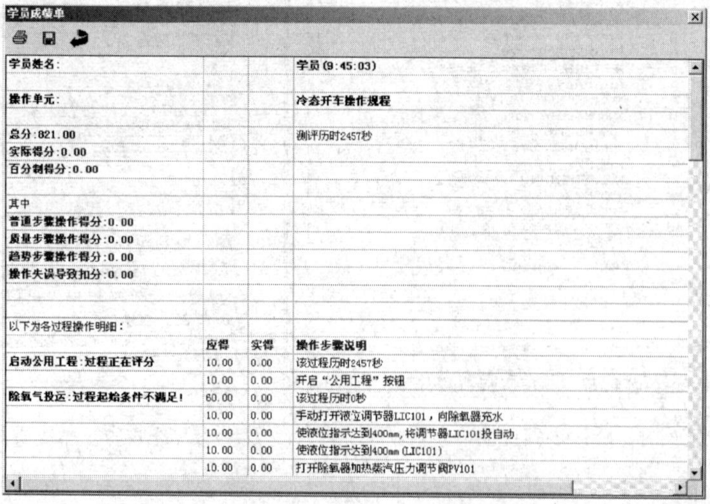

图 1-21　学员成绩单

框，可以生成学员成绩列表，通过学员成绩单可以浏览学员资料、操作单元、学员的总成绩、各项分步成绩、操作步骤得分和详细说明。学员成绩单既可以保存也可以打印。

② 成绩单读取和保存 单击"文件"菜单下面的"打开"可以打开以前保存过的成绩单，利用"保存"菜单可以通过保存新的成绩单来覆盖原来旧的成绩单，利用"另存为"则不会覆盖原来保存过的成绩单。

③ 退出系统 单击"文件"下面的"系统退出"来退出操作系统。

④ 查看其他说明 单击"帮助"菜单下面的"光标说明"可以查看相关的光标说明。

任务五 认识仿真操作键盘

一、TDC3000 专用键盘

1. TDC3000 键盘布置图

TDC3000 有新旧两种键盘，在键盘上有功能键、字符键、数字键等，各键在键盘上的分布如图 1-22、图 1-23 所示。在 TDC3000 仿真系统中这两种键盘都可以支持。

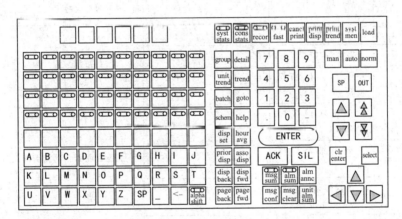

图 1-22 TDC3000 旧键盘布置图

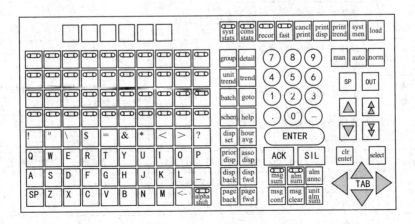

图 1-23 TDC3000 新键盘布置图

2. 键作用说明（如表 1-2 所示）

表 1-2　TDC3000 键盘键作用说明

类型	键名	功　能	按键后的屏幕提示 及操作方法	备　注
可组态 功能键		调出所定义的组 态图		包括键盘左半部最上面的六个不带灯的键 及下面四排报警灯的 40 个功能键，带报警灯 的键可以反映出该画面的报警状态，黄灯亮 表示该画面有高报，红灯亮表示该画面有紧 急报警
字符键	SP	输入空格		键盘左侧下部四排键为字符键，可输入相 应的 ASCII 码字符
	←	返回键		
	alpha shift	字符键/功能键的 切换键	alpha shift 灯亮时字符 键用于输入字符，灯灭时 字符键变为功能键，与可 组态的功能键作用一样	
系统功 能键				为键盘右侧最上面一排键，在仿真培训系 统中这些键无意义
输入确 认键	ENTER	确认键		用于输入方式下
报警管 理功能 键	ACK	单元报警确认		报警管理功能键位于键盘右侧中下部
	SIL	报警消声		
	msg sum	调出操作信息 画面		
	alm sum	调出区域报警 画面		
	alm annc	调出报警灯屏 画面		
	msg conf	在操作信息画面 中确认操作信息		
	msg clear	在操作信息画面 中清除报警信息		
	unit alm sum	调出该单元的单 元报警画面	输入单元号后确认	
输入清 除键	clr enter	消除当前输入框 中的内容		
光标键	▲ ▼	光标移动键		按这些键可以使光标在画面中的各触摸区 之间移动
选择键	select	选择当前光标所 在的触摸区		
画面调 用键	group	调出控制组画面	输入控制组号后确认	为键盘右侧最左边的两列键
	detail	调出细目画面	输入点名后确认	
	unit trend	调出单元趋势图	输入单元号后确认	
	trend	调出所选点的趋 势曲线		在控制组图和趋势组图中才有效
	batch	未定义		

续表

类型	键名	功　能	按键后的屏幕提示及操作方法	备　注
画面调用键	goto	选择仪表	输入仪表位置号后确认	在控制组画面中用
	schem	调出流程图	输入流程图名后确认	
	help	调出当前画面的帮助画面		组态时决定
	disp set	未定义		
	hour avg	控制组画面切换成相应的小时平均值画面		只在控制组画面中有效
	prior disp	调出在当前画面调入前显示的一幅画面		
	asso disp	调出当前画面的相关画面		组态时决定
	disp back	调出当前所在的控制组画面的上一幅控制组画面		如果当前控制组为第一组,则按此键无效
	disp fwd	调出当前所在控制组画面的下一幅控制组画面		如果当前控制组为最后一组,则按此键无效
	page back	调出具有多页显示画面的上一页		在细目画面、单元趋势画面、单元和区域报警信息画面中才有效
	page fwd	调出具有多页显示画面的下一页		在细目画面、单元趋势画面、单元和区域报警信息画面中才有效
回路操作键类型	man	将选中的回路操作状态设为手动		用于对回路进行操作
	auto	将当前回路操作状态设为自动		
	norm	调出所定义的组态图		
	SP	呼出设定值输入框		
	OUT	呼出输出值输入框		
	▲	将正在修改的值增加 0.2%		
	▼	将正在修改的值减少 0.2%		
	⬆	将正在修改的值增加 4%		
	⬇	将正在修改的值减少 4%		

二、通用键盘

如图 1-24。

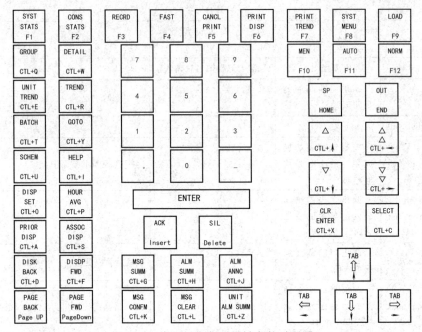

图 1-24　专用键盘与通用键盘的对照图

思考题

1. 什么是仿真系统？与其他常规的培训手段相比，有什么优势？
2. 仿真技术有哪些工业应用？
3. 目前化工仿真系统的发展方向是什么？
4. 仿真培训系统目前有哪几种形式？各有什么特点？
5. 工艺仿真软件主菜单可完成哪些操作？
6. 操作状态应如何实现从手动到自动的切换？
7. 对操作过程进行实时跟踪检查的画面是什么画面？
8. 操作质量评分系统有哪些功能？

阅读材料

控制符号

在化工仿真操作中有许多控制符号，作为化工工艺技术人员，应该看懂自动控制系统图，理解控制符号所代表的意义。

控制符号图通常包括字母代号、图形符号和数字编号等。将表示某种功能的字母及数字组合成的仪表位号置于图形符号之中，就表示出了一块仪表的位号、种类及功能。

1. 图形符号

（1）连接线

通用的仪表信号线均以细实线表示。在需要时，电信号可用虚线表示；气信号在实线上打双斜线表示。

（2）仪表的图形符号

仪表的图形符号是一个细实线圆圈。对于不同的仪表，其安装位置也有区别，图形符号如表 1-3 所示。

表 1-3　仪表安装位置的图形符号

序号	安装位置	图形符号	序号	安装位置	图形符号
1	就地安装仪表	○	4	就地仪表盘面安装仪表	⊖
2	嵌在管道中的就地安装仪表	⊢○⊣	5	集中仪表盘后安装仪表	⊝
3	集中仪表盘面安装仪表	⊖	6	就地仪表盘后安装仪表	⊜

2. 字母代号

（1）同一字母在不同位置有不同的含义或作用

处于首位时表示被测变量或被控变量；处于次位时作为首位的修饰，一般用小写字母表示；处于后继位时代表仪表的功能或附加功能。

（2）常用字母功能

首位变量字母：压力（P）、流量（F）、物位（L）、温度（T）、成分（A）。

后继功能字母：变送器（T）、控制器（C）、执行器（K）。

附加功能：R—仪表有记录功能；I—仪表有指示功能；都放在首位和后继字母之间。S—开关或联锁功能；A—报警功能；都放在最末位。需要说明的是，如果仪表同时有指示和记录附加功能，只标注字母代号"R"；如果仪表同时具有开关和报警功能，只标注代号"A"；当"SA"同时出现时，表示仪表具有联锁和报警功能。常见字母变量的功能在相关手册上都能查到。

3. 仪表位号及编号

每台仪表都应有自己的位号，一般由数字组成，写在仪表符号（圆圈）的下半部。如图 1-25 所示。

图 1-25　仪表控制符号示图

根据上述规定，不难看出：PdRC 实际上是一个集中仪表盘面安装的"压差记录控制系统"的代号。

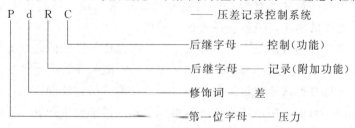

108—表示第一工段 08 号仪表。综上所述，图 1-25 表示了一个集中仪表盘面安装的"压差控制器带记录"，并且安装在第一工段 08 号位置上。需要说明的是，在工程上执行器使用最多的是气动执行阀，所以控制符号图中，常用阀的符号代替执行器符号。

模块二　流体输送过程操作训练

学习指南

☑ **知识目标**　了解流体输送操作在化学工业中的重要性；了解流体输送的方式、流体输送机械的类型及特点；熟悉离心泵、压缩机、真空系统输送的结构及工作过程；熟悉流体输送过程中的常见故障及其处理方法的理论基础。

☑ **能力目标**　能熟练进行离心泵、压缩机、真空系统等进行流体输送过程的基本操作；能对流体输送过程中的常见故障进行分析判断和处理；能对离心泵、压缩机、水环泵等设备进行日常维护和保养；能根据生产任务和设备特点制定简单的流体输送过程的安全操作规程。

☑ **素质目标**　养成理论联系实际的思维方式和独立思考的科学态度；逐步形成理论正确、技术可行、操作安全可靠、经济合理的工程技术观念；具有敬业爱岗、勤学肯干的职业操守，严格遵守操作规程的职业素质和安全生产、环保节能的职业意识。

化工产品成千上万，几乎每一个产品的生产都与流体的流动及输送有关，因此，流体的流动与输送是化工生产过程中最基本和最普遍的单元操作之一。在无外加能量的情况下，流体只能从高能状态向低能状态流动，而在生产中，为了满足工艺条件的需要，常常需把流体从一处送到另一处，有时还需提高流体的压强或将设备造成真空，这就需要向流体施加机械功，向流体做功以提高流体机械能的装置就是流体输送机械。为液体提供能量的设备称为泵，为气体提供能量的输送机械称为风机或压缩机。

化工生产中被输送的液体是多种多样的，而且在操作条件、输送量等方面存在较大的差别；化工生产又多为连续过程，如果过程骤然中断，可能会导致严重事故。作为化工工艺技术人员，不仅要熟练掌握流体输送岗位的岗位技能，能分析和处理流体输送过程可能出现的常见故障外，还要具有能运用流体输送的基本原理及规律来分析和处理实际问题的技术应用能力。

项目一　离心泵单元

离心泵是输送液体的常用设备之一。由于离心泵具有结构简单、性能稳定、检修方便、操作容易和适应性强等特点，在化工生产中应用十分广泛。

离心泵由吸入管、排出管和泵体三部分组成。泵体部分又分为转动部分和固定部分。转动部分由电机带动旋转，将能量传递给被输送的部分，主要包括叶轮和泵轴。固定部分包括泵壳、导轮、密封装置等部分。

启动灌满了被输送液体的离心泵后，在电机的作用下，泵轴带动叶轮一起旋转，叶轮的叶片推动其间的液体转动，在离心力的作用下，液体被甩向叶轮边缘并获得动能，在导轮的引领下沿流通截面积逐渐扩大的泵壳流向排出管，液体流速逐渐降低，而静压能增大。排出管的增压液体经管路即可送往目的地。而叶轮中心处因液体被甩出形成一定的真空，因贮槽液面上方压强大于叶轮中心处，在压差的作用下，液体便不断地从吸入管进入泵内。

一、离心泵的操作要点

① 灌泵　离心泵启动前，使泵体内充满被输送液体的操作。离心泵装置中吸入管路的底阀是单向底阀，可以防止启动前所灌入的液体从泵内流出，滤网可以阻拦液体中的固体物质被吸入而堵塞管道和泵壳。如果泵的位置低于槽内液面，则启动时就无需灌泵。

② 预热　对输送高温液体的油泵或高温水泵，在启动与备用时均需预热。因为泵是设计在操作温度下工作的，如果在低温工作，各构件间的间隙因为热胀冷缩的原因会发生变化，造成泵的磨损与破坏。预热时应使泵各部分均匀受热，并一边预热一边盘车。

③ 盘车　用手使泵轴绕运转方向转动的操作，每次以 180° 为宜，并不得反转，目的是检查润滑情况、密封情况、是否有卡轴、堵塞或冻结现象等。备用泵也要经常盘车。

④ 启动　为了防止启动电流过人，要关闭出口阀，在最小功率下启动电机，以免烧坏电机。但对耐腐蚀泵，为了减少腐蚀，常采用先打开出口阀的办法启动。但要注意，关闭出口阀运转的时间应尽可能短，以免泵内液体因摩擦而发热，发生气蚀现象。

⑤ 流量调节　缓慢打开出口阀，调节到指定流量。

⑥ 检查　要经常检查泵的运转情况，比如轴承温度、润滑情况、压力表及真空表读数等，发现问题应及时处理。在任何情况下都要避免泵内无液体的干转现象，以避免干摩擦，造成零部件损坏。

⑦ 停车　停车时，要先关闭出口阀，再关电机，以免高压液体倒灌，造成叶轮反转，引起事故。在寒冷地区，短时停车要采取保温措施，长期停车必须排净泵内及冷却系统内的液体，以免冻结胀坏系统。

离心泵的操作中应避免两种不正常现象的出现，即气缚和气蚀。

离心泵启动时，若泵内存有空气，由于空气的密度很低，旋转后产生的离心力小，因而叶轮中心处所形成的低压不足以将贮槽内的液体吸入泵内，虽启动离心泵也不能输送液体，这种现象称为气缚。

气蚀是指当贮槽液面的压力一定时，如叶轮中心的压力降低到等于被输送液体当前温度下的饱和蒸气压时，叶轮进口处的液体会出现大量的气泡。这些气泡随液体进入高压区后又迅速凝结，致使气泡所在空间形成真空，周围的液体质点以极大的速度冲向气泡中心，造成瞬间冲击压力，从而使得叶轮部分泵壳等金属表面很快损坏；同时伴有泵体震动，发出噪声，泵的流量、扬程和效率明显下降。这种现象叫气蚀。

二、离心泵单元仿真操作训练

1. 流程简介

约 40℃ 的带压液体经调节阀 LV101 进入离心泵前带压液体贮槽 V101，贮槽液位由液位控制器 LIC101 通过调节 V101 的进料量来控制；贮槽 V101 内的压力由 PIC101 分程控制，PV101A、PV101B 分别调节进入 V101 和出 V101 的氮气量，当压力高于 5.0atm（1atm＝101325Pa，下同）时，调节阀 PV101B 打开泄压；当压力低于 5.0atm 时，调节阀 PV101A 打开充压，从而保持贮槽内压力恒定在 5.0atm（表）左右。贮槽内液体由泵

P101A、P101B 抽出输送到其他设备，泵出口的流量由流量调节器 FIC101 进行调节。

离心泵带控制点工艺流程如图 2-1 所示，离心泵 DCS 图如图 2-2 所示，离心泵现场图如图 2-3 所示。

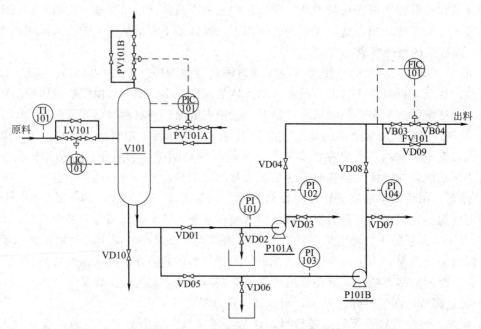

图 2-1　离心泵单元带控制点工艺流程图

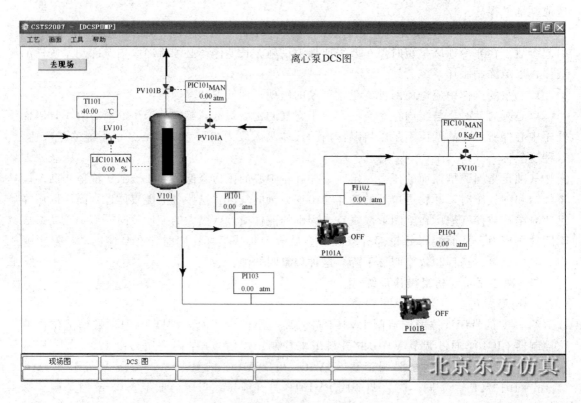

图 2-2　离心泵 DCS 图

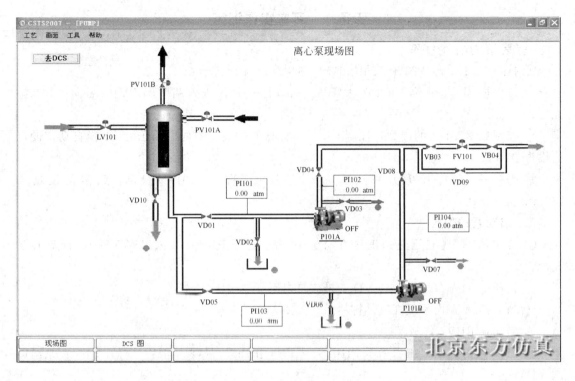

图 2-3 离心泵现场图

2. 主要设备、显示仪表和现场阀说明

（1）主要设备（见表 2-1）

表 2-1 主要设备

设 备 位 号	设 备 名 称
V101	离心泵前带压液体贮槽
P101A	离心泵 A
P101B	离心泵 B(备用)

（2）显示仪表（见表 2-2）

表 2-2 显示仪表

位号	显示变量	位号	显示变量
PI101	泵 P101A 入口压力	PI104	泵 101B 出口压力
PI102	泵 P101A 出口压力	TI101	进料温度
PI103	泵 P101B 入口压力		

（3）现场阀（见表 2-3）

表 2-3 现场阀

位号	名 称	位号	名 称	位号	名 称
VD01	P101A 泵入口阀	VD05	P101B 泵入口阀	VD09	调节阀 FV101 旁通阀
VD02	P101A 泵前泄液阀	VD06	P101B 泵前泄液阀	VD10	V101 泄液阀
VD03	P101A 泵排空阀	VD07	P101B 泵排空阀	VB03	调节阀 FV101 前阀
VD04	P101A 泵出口阀	VD08	P101B 泵出口阀	VB04	调节阀 FV101 后阀

任务一　开车操作训练

一、贮槽V101 的操作

① 打开 LV101 调节阀开度约为 30％，向贮槽 V101 充液；

② 待贮槽 V101 液位 LIC101 大于 5％后，打开分程压力调节阀 PV101A 向 V101 罐充压；

③ 控制贮槽 V101 的液位，控制 LIC101 稳定在 50％左右时，将 LIC101 投自动，设定值设为 50％；

④ 当贮槽 V101 压力升高到 5.0atm 左右时，将 PIC101 投自动，设定值设定为 5.0 atm。

二、启动泵P101A

① 待 V101 贮槽充压充到正常值 5.0atm 后，打开 P101A 泵入口阀 VD01，向离心泵充液；

② 打开 P101A 泵后排气阀 VD03 排放泵内不凝性气体；

③ 当 P101A 泵内不凝性气体排尽后，关闭 VD03；

④ 启动泵 P101A；

⑤ 当泵 P101A 出口压力指示 PI102 比入口压力 PI101 大 2.0 倍后，打开 P101A 泵出口阀 VD04。

三、出料

① 打开 FV101 调节阀的前阀 VB03；

② 打开 FV101 调节阀的后阀 VB04；

③ 调节 FV101 阀的开度，控制其流量稳定在 20000kg/h 左右，将 FIC101 投自动，设定值为 20000kg/h。

任务二　停车操作训练

一、贮槽V101 停进料

① 将 LIC101 改成手动控制；

② 关闭调节阀 LV101，停止向贮槽 V101 进料。

二、停泵P101A

① 将 FIC101 改成手动控制；

② 逐渐增大阀门 FV101 的开度，加大出口流量（防止 FIC101 值超出高限 30000kg/h）；

③ 待贮槽 V101 液位小于 10％时，关闭 P101A 泵的出口阀 VD04；

④ 停 P101A 泵；

⑤ 关闭 P101A 泵的前阀 VD01；

⑥ 关闭调节阀 FV101；

⑦ 关闭调节阀 FV101 的前阀 VB03；

⑧ 关闭调节阀 FV101 的后阀 VB04。

三、泵P101A 泄液

① 打开 P101A 泵前的泄液阀 VD02；

② 观察 P101A 泵泄液阀 VD02 的出口，当不再有液体泄出时（显示标志为红色），关闭 VD02。

四、贮槽V101泄压、 泄液

① 待贮槽 V101 液位小于 10％时，打开贮槽 V101 泄液阀 VD10；

② 待贮槽 V101 液位小于 5％时，打开 PV101 泄压；

③ 观察贮槽 V101 泄液阀 VD10 的出口，当不再有液体泄出时（显示标志为红色），关闭泄液阀 VD10。

任务三　正常运营管理及事故处理操作训练

一、正常操作

熟悉工艺流程，密切注意各工艺参数的变化，维持各工艺参数稳定。正常操作下工艺参数如表 2-4 所示。

表 2-4　正常操作工艺参数

位　号	正　常　值	单　位
PI102	12.00	atm
PIC101	5.00	atm
LIC101	50.00	％
TI101	40.00	℃
FIC101	20000.00	kg/h

二、事故处理

出现突发事故时，应先分析事故产生的原因，并及时做出正确的处理（见表 2-5）。

表 2-5　事故处理

事 故 名 称	主 要 现 象	处 理 方 法
P101A 泵坏	①P101A 泵出口压力急骤下降 ①FIC101 流量急骤减小到零	①将调节阀 FV101 改为手动控制 ②关闭调节阀 FV101 ③打开 P101B 泵入口阀 VD05 ④打开阀门 VD07，排放不凝性气体 ⑤待不凝性气体排完后，关闭阀 VD07 ⑥启动泵 P101B ⑦待 PI104 指示压力比 PI103 大 2.0 倍后，打开泵后阀 VD08 ⑧缓慢关闭 P101A 泵后阀 VD04 ⑨待 P101B 进出口压力指示正常，按停离心泵停车操作顺序停止泵的 P101A 运转，关闭泵 P101A 入口阀 VD01，并通知维修部门
FIC101 阀卡	FIC101 流量减小不可调节	①打开 FV101 的旁通阀（VD09），调节流量使其达到正常值 20000kg/h，使贮槽液位、泵出口压力至正常值 ②关闭 VB03 ③关闭 VB04 ④将调节阀 FV101 改成手动控制 ⑤关闭调节阀 FV101 ⑥通知维修部门

事故名称	主要现象	处理方法
P101A 泵入口管线堵	①P101A 泵入口、出口压力急剧下降 ②FIC101 流量急剧减小到零	①将调节阀 FV101 改成手动控制 ②关闭调节阀 FV101 ③打开 P101B 泵入口阀 VD05 ④打开阀门 VD07，排放不凝性气体 ⑤待不凝性气体排完后，关闭阀 VD07 ⑥启动泵 P101B ⑦待 PI104 指示压力比 PI103 大 2.0 倍后，打开泵后阀 VD08 ⑧缓慢打开调节阀 FV101，待其流量稳定在 20000kg/h 左右时，将 FIC101 投自动，设定值为 20000kg/h ⑨关闭 P101A 泵出口阀 VD04 ⑩关闭泵 P101A ⑪打开泵 P101A 前的泄液阀 VD02 ⑫液体泄完后关闭 VD02 ⑬通知维修部门
P101A 泵气蚀	①P101A 泵入口压力、出口压力上下波动 ②P101A 泵出口流量波动（大部分时间达不到正常值）	①将调节阀 FV101 改成手动控制 ②关闭调节阀 FV101 ③打开 P101B 泵入口阀 VD05 ④打开阀门 VD07，排放不凝性气体 ⑤待不凝性气体排完后，关闭阀 VD07 ⑥启动泵 P101B ⑦待 PI104 指示压力比 PI103 大 2.0 倍后，打开泵后阀 VD08 ⑧缓慢打开调节阀 FV101，待其流量稳定在 20000kg/h 左右时，将 FIC101 投自动，设定值为 20000kg/h ⑨关闭 P101A 泵后阀 VD04 ⑩关闭泵 P101A ⑪打开泵 P101A 前的泄液阀 VD02 ⑫液体泄完后关闭 VD02 ⑬通知维修部门
P101A 泵气缚	①P101A 泵出口压力急剧下降 ②FIC101 流量急剧下降	①将 FV101 改成手动控制 ②关闭 FV101 ③关闭 P101A 泵的出口阀 VD04 ④关闭 P101A 泵 ⑤关闭 P101A 泵的入口阀 VD01 ⑥打开阀门 VD03，排放不凝性气体 ⑦待不凝性气体排完后，关闭阀 VD03 ⑧打开 P101A 泵的前阀 VD01 ⑨启动泵 P101B ⑩待 PI102 指示压力比 PI101 大 2.0 倍后，打开泵后阀 VD04 ⑪缓慢打开调节阀 FV101，待其流量稳定在 20000kg/h 左右时，将 FIC101 投自动，设定值为 20000kg/h ⑫进一步调节贮槽 V101 液位、泵的出入口压力至正常值

思考题

1. 什么叫气蚀现象？气蚀现象有什么破坏作用？

2. 发生气蚀现象的原因有哪些？如何防止气蚀现象的发生？

3. 为什么启动前一定要将离心泵灌满被输送液体？

4. 离心泵在启动和停止运行时泵的出口阀应处于什么状态？为什么？

5. 泵 P101A 和泵 P101B 在进行切换时，应如何调节其出口阀 VD04 和 VD08，为什么要这样做？

6. 一台离心泵在正常运行一段时间后，流量开始下降，可能会由哪些原因导致？

7. 离心泵出口压力过高或过低应如何调节？

8. 什么是分程控制？有什么特点？

9. 应如何调节离心泵的出口压力？

10. 两台性能相同的离心泵并联操作，与单台离心泵相比其输送流量与扬程有何变化？如改成串联操作，其输送流量与扬程又有何变化？

项目二　压缩机单元

压缩机是进行气体压缩的常用设备，它以汽轮机（蒸汽透平）为动力，蒸汽在汽轮机内膨胀做功驱动压缩机主轴，主轴带动高速旋转。被压缩气体从轴向进入压缩机在高速转动的叶轮作用下随叶轮高速旋转并沿半径方向甩出叶轮，叶轮在汽轮机的带动下高速旋转把所得到的机械能传递给被压缩气体。因此，气体在叶轮内的流动过程中，一方面受离心力作用增加了气体本身的压力，另一方面得到了很大的动能。气体离开叶轮进入流通面积逐渐扩大的扩压器，气体流速急剧下降，动能转化为压力能（势能），使气体的压力进一步提高，使气体压缩。

一、压缩机的操作要点

① 压缩机开车前应检查仪表、阀门、电气开关、联锁装置等是否齐全、灵敏、准确、可靠。

② 启动润滑油泵和冷却水泵，控制在规定的压力与流量。

③ 盘车检查，确保转动构件正常运转。

④ 当被压缩气体易燃易爆时，必须用氮气置换气缸及系统内的介质，以防开车时发生爆炸事故。

⑤ 按开车步骤启动主机和开关有关阀门，不得有误。

⑥ 调节排气压力时，要同时逐渐调节进、出气阀门，防止抽空和憋压现象。

⑦ 经常"看、听、摸、闻"，检查连接、润滑、压力、温度等情况，发现隐患及时处理。

⑧ 在下列情况出现时要紧急停车：断水、断电和断润滑油时；填料函及轴承温度过高并冒烟时；电动机声音异常，有烧焦味或冒火星时；机身强烈振动而减振无效时；缸体、阀门及管路严重漏气时；有关岗位发生重大事故或调度命令停车时等。

⑨ 停车时，要按操作规程熟练操作。

离心式压缩机的喘振现象也称飞动现象，是压缩机实际流量小于性能曲线所表明的最小流量时所出现的一种不稳定的工作状态。产生喘振时，离心式压缩机的性能显著恶化。整个压缩机管路系统的气流出现周期性振荡现象，气流的压强、流量均产生大幅度脉动，而且还会发出一种音量很大的哮声，使整个机组产生剧烈震动。喘振现象所带来的危害极大，它不仅使压缩机的转子及定子元件经受交变的动应力，级间压力失调引起强烈震动而损坏密封装置及轴承，甚至还会使得转子发生轴向位移而与定子元件相碰撞，导致机器损坏，压送的气体外泄，引起爆炸等恶性事故。因此，在气体压缩机操作中，有效地防止发生喘振是很重要的。在离心压缩机的实际操作中，严格注意维持其在安全下限线以上的负荷范围内运行，就能防止产生喘振现象的发生。

二、压缩机单元仿真操作训练

1. 流程简介

压力为 $1.2\sim1.6$kgf/cm^2（绝）（1kgf＝9.80665N，下同）、温度为 30℃ 左右的低压甲烷经阀门 VD11 和 VD01 进入甲烷贮罐 FA311，甲烷贮罐 FA311 内压力控制在 300mmH$_2$O（1mmH$_2$O＝9.80665Pa，下同）左右。从贮罐 FA311 出来的甲烷，进入压缩机 GB301，经过压缩机 GB301 的压缩后，转化成压力为 4.03kgf/cm^2（绝）、温度为 160℃ 的中压甲烷，然后经过手动控制阀 VD06 进入燃料系统。

为了防止压缩机发生喘振，设计了由压缩机出口至甲烷贮罐的返回管路，即由压缩机出口经过换热器 EA305 和阀门 PV304B 到甲烷贮罐 FA311 的管线。返回的甲烷经冷却器 EA305 冷却。另外，贮罐 FA311 有一超压保护控制器 PIC303，当贮罐 FA311 中的压力超高时，低压甲烷可以用 PIC303 打开阀门 PV303 放火炬，使贮罐 FA311 中的压力降低。压缩机 GB301 由蒸汽透平 GT301 同轴驱动，来自管网的 15kgf/cm^2（绝）的中压蒸汽经透平膨胀做功后降低为 3kgf/cm^2（绝）的降压蒸汽，进入低压蒸汽管网。

本工艺流程中共有两套自动控制系统，其中 PIC303 为 FA311 超压保护控制器，当贮罐 FA311 中压力过高时，自动打开放火炬阀；而 PRC304 则为压力分程控制系统，当此调节器输出值在 50%～100% 范围内时，输出信号送给蒸汽透平 GT301 的调速系统 PV304A，改变 PV304A 的开度，可使压缩机 GB301 的转速在 3350～4704r/min 之间变化。当调节器输出值在 0%～50% 范围内时，PV304B 阀的开度则在 100%～0% 范围内变化。透平在起始升速阶段由手动控制器 HC3011 手动控制升速，当转速大于 3450r/min 时可由切换开关切换到 PRC304 进行控制。

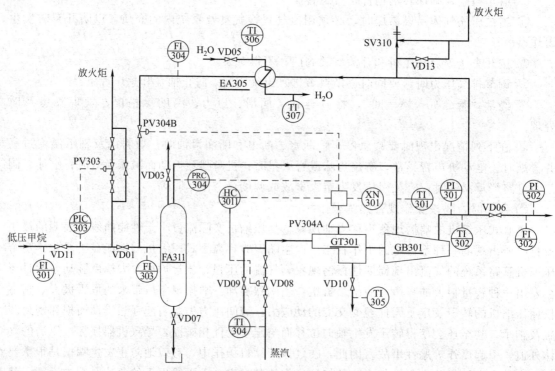

图 2-4　压缩机单元带控制点工艺流程图

压缩机带控制点工艺流程图如图 2-4 所示，压缩机 DCS 图如图 2-5 所示，压缩机现场图如图 2-6 所示，压缩机公用工程图如图 2-7 所示。

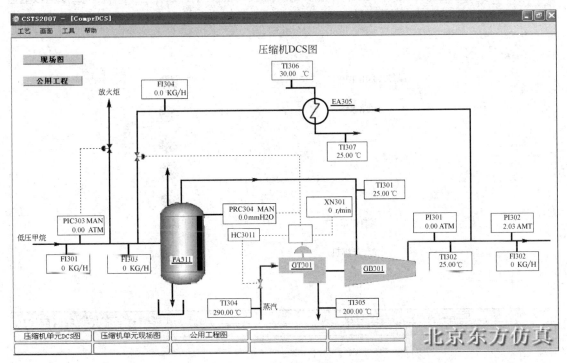

图 2-5　压缩机 DCS 图

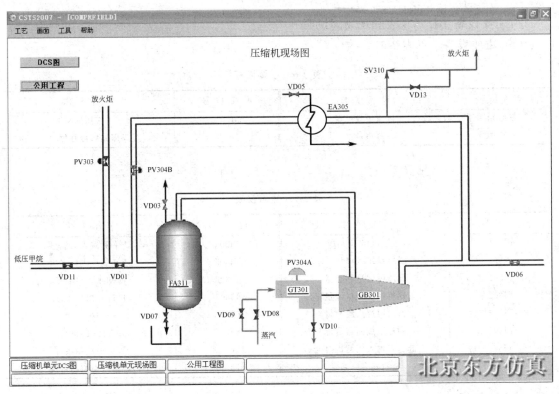

图 2-6　压缩机现场图

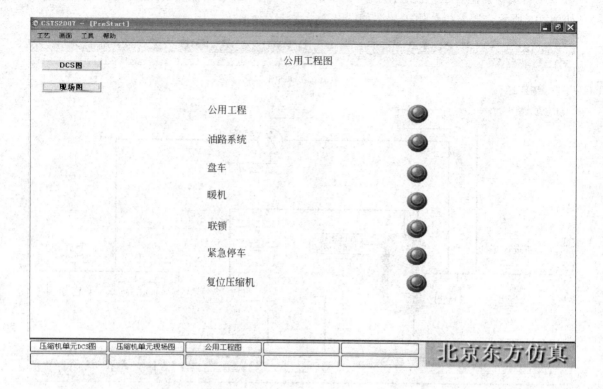

图 2-7　压缩机公用工程图

2. 主要设备、显示仪表和现场阀说明

（1）主要设备（见表 2-6）

表 2-6　主要设备

设 备 位 号	设 备 名 称	设 备 位 号	设 备 名 称
FA311	低压甲烷贮罐	GB301	单级压缩机
GT301	蒸汽透平	EA305	压缩机冷却器

（2）显示仪表（见表 2-7）

表 2-7　显示仪表

位　号	显 示 变 量	位　号	显 示 变 量
PI301	压缩机出口压力	TI304	透平蒸汽入口温度
PI302	燃料系统入口压力	TI305	透平蒸汽出口温度
FI301	低压甲烷进料流量	TI306	冷却水入口温度
FI302	燃料系统入口流量	TI307	冷却水出口温度
FI303	低压甲烷入罐流量	XN301	压缩机转速
FI304	中压甲烷回流流量	HX311	FA311 罐液位
TI301	低压甲烷入压缩机温度	PIC303	放火炬控制系统
TI302	压缩机出口温度	PRC304	贮罐压力控制系统

（3）现场阀（见表 2-8）

表 2-8　现场阀

位号	名　称	位号	名　称	位号	名　称
VD11	低压甲烷原料阀	VD09	蒸汽透平中压蒸汽入口旁通阀	SV310	安全阀
VD01	低压甲烷进罐 FA311 入口阀	VD10	蒸汽透平中压蒸汽出口阀	HC3011	蒸汽透平手动调速器
VD03	罐 FA311 放空阀	VD06	中压甲烷送燃料系统阀	XN301	调速器切换开关
VD07	罐 FA311 排凝阀	VD05	冷却器 EA305 冷却水阀		
VD08	蒸汽透平中压蒸汽入口阀	VD13	安全阀旁通阀		

任务一　开车操作训练

一、开车准备

① 按"公用工程"按钮，启动公用工程；

② 按"油路"按钮，油路开车；

③ 按"盘车"按钮，开始盘车；

④ 待 XN301 显示压缩机转速升到 199r/min 时，按盘车按钮停止盘车；

⑤ 按"暖机"按钮进行暖机；

⑥ 打开冷却水阀门 VD05。

二、罐 FA311 充低压甲烷

① 打开低压甲烷原料阀 VD11；

② 打开 PV303 调节阀放火炬，开度为 50%；

③ 逐渐打开 FA311 顶部放空阀 VD03，使贮罐 FA311 压力 PRC304 稳定保持在 400mmH$_2$O 左右；

④ 调节 PV303 阀门开度，使 PIC303 压力维持在 0.1atm。

三、透平单级压缩机开车

1. 手动升速

① 打开透平低压蒸汽出口阀 VD10；

② 缓慢打开中压蒸汽入口阀 VD08；

③ 使透平压缩机转速维持在 250～300r/min 一段时间无异常；

④ 按递增级差保持在 10% 以内逐渐开大 HC3011，使压缩机转速升至 1000r/min；

⑤ 调节 PV303 阀门开度，使 PIC303 压力维持在 0.1atm；

⑥ 调节 VD03 开度，使贮罐 FA311 压力 PRC304 保持稳定在 400mmH$_2$O 左右。

2. 跳闸实验

① 按紧急停车按钮；

② 当 XN301 显示压缩机转速为零后，关闭 HC3011；

③ 关闭低压蒸汽出口阀 VD10；

④ 等待 30s 后，按压缩机复位按钮。

3. 重新手动高速

① 重新手动升速，开透平低压蒸汽出口阀 VD10；

② 打开 HC3011，使压缩机转速缓慢升至 1000r/min；

③ 按递增级差小于 10% 逐渐开大 HC3011，使压缩机转速升到 3350r/min。

4. 启动调速系统

① 将调速开关切换到 PRC304 方向；

② 调大 PRC304 输出值，使阀 PV304B 缓慢关闭；

③ 可适当打开压缩机 GB301 出口安全阀 SV310 的旁通阀 VD13 调节出口压力，使压缩机出口压力 PI301 维持在 3～5atm 范围内。

5. 调节操作参数至正常值

① 当 PI301 压力指示值为 3.03atm 时，关闭旁通阀 VD13；

② 打开 VD06 去燃料系统阀；

③ 关闭放火炬阀 PV303；

④ 调节 VD03 开度，控制 PRC304 压力控制在 300mmH$_2$O；

⑤ 逐步开大 PV304A 阀，使压缩机慢慢升速，当压缩机转速达到 4480r/min 后，将 PRC304 投自动，设定值为 295mmH$_2$O；

⑥ 将 PIC303 投自动，值设定为 0.1atm；

⑦ 联锁投用。

任务二　停车操作训练

一、正常停车操作

1. 停调速系统

① 确认联锁已解除；

② 将 PRC304 改为手动控制；

③ 逐渐减小调节阀 PRC304 的输出值，使阀 PV304A 关闭；

④ 缓慢打开 PV304B 阀；

⑤ 当压缩机转速降到 3350r/min 时，将 PIC303 改成手动控制；

⑥ 调大 PIC303 的输出值，打开 PV303 阀排放火炬；

⑦ 开启出口安全旁通阀 VD13；

⑧ 关闭去燃料系统阀 VD06。

2. 手动降速

① 将 HC3011 开度设定为 100.0%；

② 将调速开关切换到 HC3011 方向；

③ 缓慢关闭 HC3011；

④ 当压缩机转速降为 300～500r/min 时，按紧急停车按钮；

⑤ 压缩机转速降为零时，关闭透平蒸汽出口阀 VD10。

3. 停 FA311 进料

① 关闭 FA311 入口阀 VD01；

② 用 PIC303 关闭放火炬 PV303；

③ 关闭 FA311 进口阀 VD11；

④ 关换热器冷却水阀 VD05。

二、紧急停车操作

① 按紧急停车按钮；

② 关闭中压甲烷去燃料系统阀 VD06；

③ 调大 PIC303 输出值，打开放火炬 PV303；

④ 关闭透平蒸汽出口阀 VD10；

⑤ 关 FA311 进口阀 VD11；

⑥ 关换热器冷却水阀 VD05。

任务三　正常运营管理及事故处理操作训练

一、正常操作

熟悉工艺流程，密切注意各工艺参数的变化，维持各工艺参数稳定。正常操作下工艺参数见表 2-9。

表 2-9　正常操作工艺参数

位号	正常值	单位	位号	正常值	单位
PRC304	300	mmH_2O	PIC303	0.1	atm
PI301	3.03	atm	TI302	160.0	℃

二、事故处理

出现突发事故时，应先分析事故产生的原因，并及时做出正确的处理（见表 2-10）。

表 2-10　事故处理

事故名称	主要现象	处理办法
入口压力过高	FA311 罐中压力上升	①将 PIC303 改为手动控制 ②开大放火炬阀 PV303 ③将 PIC303 投自动
出口压力过高	压缩机出口压力上升	开大甲烷去燃料系统手阀 VD06
入口管道破裂	贮罐 FA311 中压力下降	①按紧急停车按钮 ②关闭中压甲烷去燃料系统阀 VD06 ③调大 PIC303 输出值，打开放火炬 PV303 ④关闭透平蒸汽出口阀 VD10 ⑤关闭 FA311 进口阀 VD01 ⑥用 PIC303 关闭放火炬阀 PV303 ⑦关闭 FA311 进口阀 VD11 ⑧关闭换热器冷却水阀 VD05
出口管道破裂	压缩机出口压力下降	①按紧急停车按钮 ②关闭中压甲烷去燃料系统阀 VD06 ③调大 PIC303 输出值，打开放火炬 PV303 ④关闭透平蒸汽出口阀 VD10 ⑤关闭 FA311 进口阀 VD01 ⑥用 PIC303 关闭放火炬阀 PV303 ⑦关闭 FA311 进口阀 VD11 ⑧关闭换热器冷却水阀 VD05
入口温度过高	TI301 及 TI302 指示值上升	①按紧急停车按钮 ②关闭中压甲烷去燃料系统阀 VD06 ③调大 PIC303 输出值，打开放火炬 PV303 ④关闭透平蒸汽出口阀 VD10 ⑤关闭 FA311 进口阀 VD01 ⑥用 PIC303 关闭放火炬阀 PV303 ⑦关闭 FA311 进口阀 VD11 ⑧关闭换热器冷却水阀 VD05

思考题

1. 什么是喘振？如何防止喘振？
2. 在手动调速状态，为什么防喘振线上的防喘振阀 PV304B 全开，可以防止喘振？
3. 根据本单元，理解盘车、手动升速、自动升速的概念。
4. 压缩机有哪几种类型？各有什么特点？
5. 本系统中有哪些自动控制系统？各起什么作用？
6. 说明在离心式压缩机开机过程中转速必须逐渐提高的原因。
7. 什么是压缩机的临界转速？

项目三　真空系统单元

水环真空泵（简称水环泵）是通过泵腔内容积的变化来实现吸气、压缩和排气的，属于变容式真空泵的一种，它所能获得的极限真空为 2000～4000Pa，串联大气喷射器可达 270～670Pa。水环泵用作压缩机则称为水环式压缩机，是一种低压压缩机，其压力范围为 $(1\sim 2)\times 10^5$ Pa（表）。

水环泵广泛用于石油、化工、机械、矿山、轻工、医药及食品等许多工业部门。在工业生产的许多工艺过程中，如真空过滤、真空引水、真空送料、真空蒸发、真空浓缩、真空回潮和真空脱气等，水环泵得到广泛的应用。由于水环泵中气体压缩是等温的，故可抽除易燃、易爆的气体，此外还可抽除含尘、含水的气体，因此，水环泵应用日益增多。

水蒸气喷射泵也是一种气体压缩机。喷射泵由工作喷嘴和扩压器及混合室相连而成，工作喷嘴和扩压器这两个部件组成了一条断面变化的特殊气流管道，它靠从拉瓦尔喷嘴中喷出的高速水蒸气流来携带气体，气流通过喷嘴时将压力能转变为动能。由于水蒸气喷射泵具有不受摩擦、润滑、振动等条件限制，结构简单，重量轻，占地面积小等特点，广泛用于冶金、化工、医药、石油以及食品等工业部门。

一、水环泵的操作要点

水环泵不允许在无水或少水的情况下启动，否则会导致泵内零件的磨损，引起发热或间隙增大，降低性能。因此，水环泵运转时，要不断地充水以维持泵内液封。原则上不允许在高真空的情况下直接启动水环泵，避免启动困难和电流过大。

液环真空泵可使抽出的气体不与泵壳直接接触，因此，在抽吸腐蚀性气体时只要叶轮采用耐腐蚀材料制造即可。泵内所注入的液体必须不与气体起化学反应。例如，抽吸空气时可用水，抽吸氯气时可用浓硫酸。还应注意所用液体应不含固体颗粒，否则，将使叶轮与壳体常受磨损，降低抽气能力。单级蒸汽喷射泵仅可得到 90% 的真空，如果要得到 95% 以上的真空，则可采用几个蒸汽喷射泵串联起来使用。

二、真空系统单元仿真操作训练

1. 流程简介

该工艺过程主要完成三个塔体系统真空抽取。液环真空泵 P416 系统负责 A 塔系统的真空抽取，其正常工作压力为 26.6kPa，并作为 J451、J441 喷射泵的二级泵。J451 是一个串联的二级喷射系统，负责 C 塔系统真空抽取，正常工作压力为 1.33kPa。J441 为单级喷射泵系统，抽取 B 塔系统真空，正常工作压力为 2.33kPa。被抽气体主要成分为可冷凝气相物质和水。由 D417 气水分离后的液相提供给 P416 灌泵，提供所需液环液相补给；气相进入换热器 E417，冷凝出的液体回流至 D417，E417 出口气相进入焚烧单元。生产过程中，主要通过调节各泵进口回流量或泵前被抽工艺气体流量来调节压力。

由中压蒸汽喷射形成负压来抽取工艺气体。蒸汽和工艺气体混合后，进入 E418、E419、E420 等冷凝器。在冷凝器内大量蒸汽和带水工艺气体被冷凝后，流入 D425 封液罐。未被冷凝的气体一部分作为液环真空泵 P416 的入口进行回流，一部分作为到自身的入口进行回流，以便压力控制调节。

D425 主要作用是为喷射真空泵系统提供封液。防止喷射泵喷射背压过大而无法抽取真空。开车前应该为 D425 灌液，当液位超过大气腿最下端时，方可启动喷射泵系统。

真空系统工艺流程图如图 2-8 所示，真空系统 DCS 总览图如图 2-9 所示，P416 真空系统 DCS 图如图 2-10 所示，J441/J451 真空系统 DCS 图如图 2-11 所示，P416 真空系统现场图如图 2-12 所示，J441/J451 真空系统现场图如图 2-13 所示。

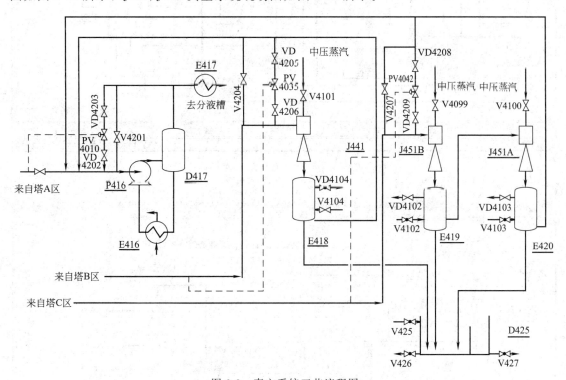

图 2-8　真空系统工艺流程图

2. 主要设备、显示仪表和现场阀说明

(1) 主要设备（见表 2-11）

表 2-11　主要设备

设备位号	设备名称	设备位号	设备名称
D416	压力缓冲罐	E420	换热器
D441	压力缓冲罐	P416A/B	塔 A 区液环真空泵
D451	压力缓冲罐	J441	塔 B 区蒸汽喷射泵
E416	换热器	J451	塔 C 区蒸汽喷射泵
E417	换热器	D417	气液分离罐
E418	换热器	D425	封液罐
E419	换热器		

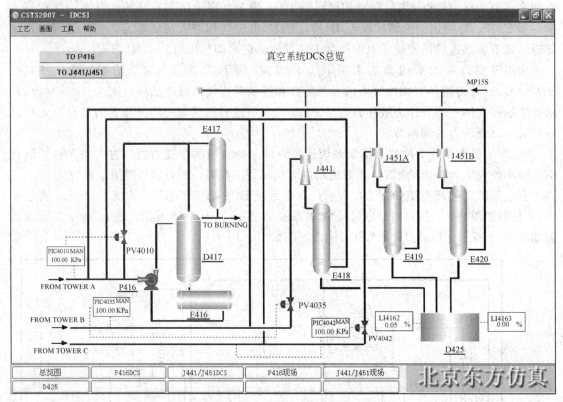

图 2-9　真空系统 DCS 总览图

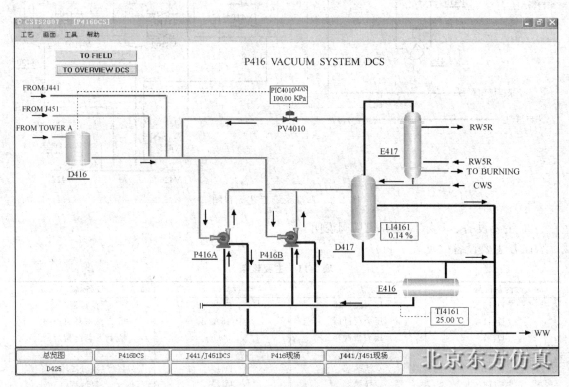

图 2-10　P416 真空系统 DCS 图

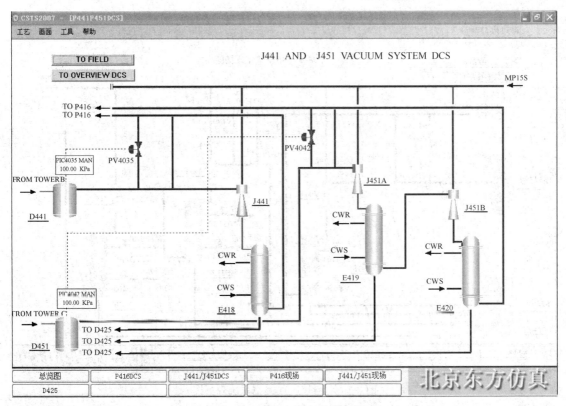

图 2-11 J441/J451 真空系统 DCS 图

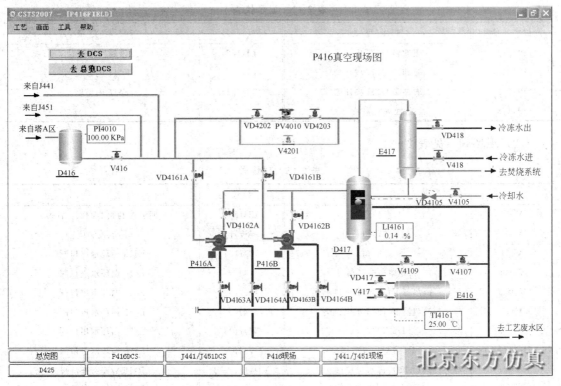

图 2-12 P416 真空系统现场图

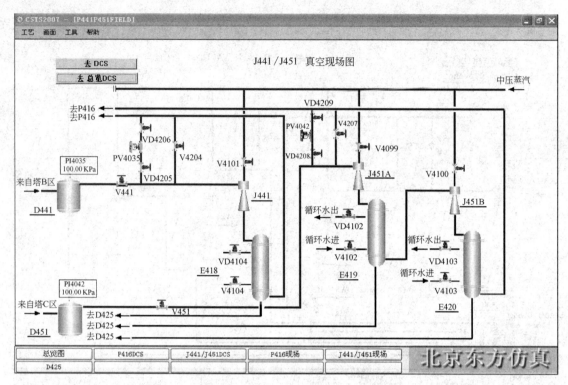

图 2-13　J441/J451 真空系统现场图

（2）显示仪表（见表 2-12）

表 2-12　显示仪表

位　号	显 示 变 量	位　号	显 示 变 量
PI4010	缓冲罐 D416 内压力	LI4162	封液罐左室液位
PI4042	缓冲罐 D451 内压力	LI4161	D417 内液位
PI4035	缓冲罐 D441 内压力	TI4161	E416 内温度
LI4163	封液罐右室液位		

（3）现场阀（见表 2-13）

表 2-13　现场阀

位号	名　　称	位号	名　　称
V416	进料阀	VD4203	回流控制阀 PV4010 后阀
V441	进料阀	PV4010	回流控制阀
V451	进口阀	VD4104	E418 循环水出口阀
V4105	冷却水进口阀	V4104	E418 循环水进口阀
VD417	换热器 E416 冷水进口阀	VD4102	E419 循环水出口阀
V417	换热器 E416 冷水出口阀	V4102	E419 循环水进口阀
V4109	D417 出口阀	VD4103	E420 循环水出口阀
VD4163A/B	P416A/B 进口阀	V4103	E420 循环水进口阀
VD418	E417 冷冻水出口阀	VD4161A/B	P416A/B 泵进口阀
V418	E417 冷冻水进口阀	VD4162A/B	P416A/B 泵出口阀

位号	名　称	位号	名　称
VD4205	调节阀 PV4035 前阀	VD4208	回流控制阀 PV4042 前阀
VD4206	调节阀 PV4035 后阀	VD4209	回流控制阀 PV4042 后阀
PV4035	调节阀	PV4042	回流控制阀
V4101	中压蒸汽阀	V425	D425 进水阀
V4099	中压蒸汽阀	V426	D425 左室排液阀
V4100	中压蒸汽阀	V427	D425 右室排液阀
VD4202	回流控制阀 PV4010 前阀		

任务一　开车操作训练

一、液环真空和喷射真空泵灌水

① 开阀 V4105 为 D417 灌水；

② 待 D417 有一定液位后，开阀 V4109；

③ 开启灌水水温冷却器 E416；

④ 开阀 VD417，开度为 50%；

⑤ 开阀 VD4163A，为液环泵 P416A 灌水；

⑥ 在 D425 中，开阀 V425 为 D425 灌水，液位达到 10% 以上。

二、开液环泵

① 开进料阀 V416；

② 开泵 P416A 的前阀 VD4161A；

③ 开泵 P416A；

④ 开泵 P416A 的后阀 VD4162A；

⑤ 打开阀 VD418；

⑥ 打开阀门 V418，开度为 50%；

⑦ 打开阀门 VD4202；

⑧ 打开阀门 VD4203；

⑨ 将 PIC4010 投自动，设置值为 26.6kPa。

三、开喷射泵

① 打开进料阀 V441，开度 100%；

② 打开进口阀 V451，开度 100%；

③ 在 J441/J451 现场中，全开 VD4104，开喷射泵冷凝系统；

④ 打开阀门 V4104，开度 50%；

⑤ 打开阀门 V4102，开度 50%；

⑥ 打开阀门 VD4103，开度 50%；

⑦ 打开 VD4208 阀；

⑧ 打开 VD4209 阀；

⑨ 将 PIC4042 投自动，设定值为 1.33；

⑩ 打开 VD4205；

⑪ 打开 VD4206；

⑫ 将 PIC4035 投自动，设定值为 3.33；

⑬ 开启中压蒸汽抽真空；

⑭ 开阀 V4101，开度 50%；

⑮ 开阀 V4099，开度 50%；

⑯ 开阀 V4100，开度 50%。

四、检查D425 左右室液位

打开阀门 V427，防止右室液位过高。

任务二 停车操作训练

一、停喷射泵系统

① 在 D425 中打开阀门 V425，为封液罐灌水；

② 关闭进料阀 V441；

③ 关闭进料阀 V451；

④ 关闭中压蒸汽阀 V4101；

⑤ 关闭 V4099；

⑥ 关闭 V4100；

⑦ 将控制阀 PIC4035 改为手动控制；

⑧ 关闭控制阀 PIC4035；

⑨ 将控制阀 PIC4042 改为手动控制；

⑩ 关闭控制阀 PIC4042；

⑪ 关闭阀门 VD4205；

⑫ 关闭阀门 VD4206；

⑬ 关闭阀门 VD4208；

⑭ 关闭阀门 VD4209。

二、停液环真空系统

① 关闭进料阀 V416；

② 关闭 D417 进水阀 V4105；

③ 停泵 P416A；

④ 关闭灌水阀 VD4163A；

⑤ 关闭 VD417；

⑥ 关闭 V417；

⑦ 关闭 VD418；

⑧ 关闭 V418；

⑨ 将 PIC4010 改为手动控制；

⑩ 输入 OP 值为零；

⑪ 关闭 VD4202；

⑫ 关闭 VD4203。

三、排液

① 打开阀门 V4107，排放 D417 内液体；

② 打开阀门 VD4164A，排放液环泵 P416A 内液体。

任务三 正常运营管理及事故处理操作训练

一、正常操作

熟悉工艺流程，密切注意各工艺参数的变化，维持各工艺参数稳定。正常操作下工艺参数见表 2-14。

表 2-14 正常操作工艺参数

位 号	正 常 值	单 位
PI4010	26.6	kPa
PI4035	3.33	kPa
PI4042	1.33	kPa
TI4161	8.17	℃
LI4161	68.78	%
LI4162	80 84	%
LI4163	≤50	%

二、事故处理

出现突发事故时，应先分析事故产生的原因，并及时做出正确的处理（见表 2-15）。

表 2-15 事故处理

事故名称	主要现象	处理办法
喷射泵大气腿未正常工作	PI4035 及 PI4042 压力逐渐上升	关闭阀门 V426，升高 D425 左室液位，重新恢复大气腿高度
液环泵灌水阀未开	PI4010 压力逐渐上升	开启阀门 VD4163，对 P416 进行灌液
液环抽气能力下降（温度对液环真空影响）	PI4010 压力上升，达到新的压力稳定点	检查换热器 E416 出口温度是否高于正常工作温度 8.17℃。如果是，加大循环水阀门开度，调节出口温度至正常
J441 蒸汽阀漏	PI4035 压力逐渐上升	停车更换阀门
PV4010 阀卡	PI4010 压力逐渐下降，调节 PV4010 无效	减小阀门 V416 开度，降低被抽气量。控制塔 A 区压力

思考题

1. 喷射泵有什么结构特点？
2. 在真空系统中 D425 有什么作用？在启动前不灌液会产生什么后果？
3. 生产过程中，如何来调节压力？
4. 喷射泵大气腿不能正常工作时应如何进行处理？
5. D425 左右室液位为什么要一样高？如何进行控制？
6. 结合本单元说明压力回路调节的原理。
7. 叙述液环真空泵的结构及工作原理。
8. 叙述蒸汽喷射泵的结构及工作原理。

阅读材料

简单控制系统

为满足生产工艺的要求，流量、压力、液位等常要求维持在一定的数值上，或按一定的规律变化。实际生产中需要通过自动控制系统来实现。自动控制系统主要由工艺对象和自动化装置（执行器、控制器、检测变送仪表）两个部分组成。

简单控制系统是指由一个测量变送器、一个控制器、一个执行器和一个控制对象所构成的闭环控制系统，也称为单回路控制系统。简单控制系统是自动控制的基础。简单控制系统是目前过程控制系统中最基本、最广泛使用的系统。图 2-14 是一个能够液位自动控制的简单控制系统。

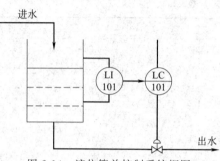

图 2-14 液位简单控制系统框图

在上面的控制系统中，控制对象是液位，系统通过对液位的测量，将测量值送入控制器，控制器将测量值与标准值进行比较后，由控制器发出信号由执行器（阀门）的调节阀门开度来完成控制操作。在整个自动化控制系统中，控制仪表、执行器就分别相当于工业生产的"大脑"和"手脚"。检测变送仪表将获得的生产中各工艺变量的信息送至控制器，控制器则按一定的控制规律去控制执行器动作，改变操纵变量（物料量或能量），使生产过程中的工艺变量保持在人们期望的数值上，或按照预定的规律变化，从而实现生产过程的自动化。检测变送仪表、控制器、执行器等仪器仪表合称为控制装置。

模块三　传热过程操作训练

学习指南

☑ **知识目标**　了解工业换热器的类型、结构、特点、操作原理及其适用范围；了解换热器的自动控制方案；掌握传热操作的基本知识；掌握传热过程的操作要领、常见事故及其处理方法；掌握热电阻、热电偶等常用温度测量仪表的使用方法；理解强化传热的方法与途径。

☑ **能力目标**　能根据工艺要求对常用换热器实施基本操作；能正确使用各类常见的温度测量仪表和对换热器的换热操作实施自动控制，并能根据生产工艺与设备特点制定传热过程的安全操作规程；能运用传热基本理论与工程技术观点分析和解决传热操作中常见故障。

☑ **素质目标**　逐步建立工程技术观念和追求知识、严谨治学、勇于创新的科学态度及理论联系实际的思维方式；逐步形成安全生产、节能环保的职业意识和敬业爱岗、严格遵守操作规程的职业操守及团结协作、积极进取的团队合作精神。

传热，是自然界和工程技术领域中极普遍的一种传递过程，凡是有温度差存在的地方，就必然有热的传递。因此，在化工、能源、动力、冶金、机械、建筑等工业部门中，都会涉及许多传热问题。

化学工业与传热的关系尤为密切，这是因为在化工生产中的许多过程和单元操作，都需要进行加热或冷却。此外，化工设备的保温，生产过程中热能的合理利用以及废热的回收等都涉及传热的问题。化工传热过程既可连续进行也可间歇进行。对于连续进行的过程，换热器中传热壁面各点温度仅随位置变化而不随时间变化，这种传热称为稳定传热。对于间歇过程，换热器中各点的温度既随位置变化又随时间变化，这种传热称为不稳定传热。连续生产过程中的传热一般可看作稳定传热；间歇生产过程中的传热和连续生产过程中的开、停车阶段的传热一般属于不稳定传热。

对化工等行业的操作技术人员来说，必须要熟悉换热过程和掌握换热操作。

项目一　列管换热器单元

间壁式换热器是化工生产中最常用的换热器，它利用金属壁将冷、热两种流体间隔开，热流体将热传到壁面的一侧，通过间壁内的热传导，再由间壁的另一侧将热传给冷流体，从而使热物流被冷却，冷物流被加热，满足化工生产中对冷物流或热物流温度的控制要求。

管壳式换热器是间壁式换热器的一种，也称为列管式换热器，是目前化工生产中应用最为广泛的一种通用标准换热设备。它的主要优点是单位体积具有的传热面积较大以及传热效果较好，结构简单、坚固、制造较容易，操作弹性较大，适应性强等。因此，在高温、高压和大型装置上多采用管壳式换热器，在生产中使用的换热设备中占主导地位。

管壳式换热器主要由壳体、管束、管板、折流挡板和封头等部件组成。壳体内装有管束，管束两端固定在管板上。管子在管板上的固定方法可采用胀接、焊接或胀焊结合法。管壳式换热器中，一种流体在管内流动，其行程称为管程；另一种流体在管外流动，其行程称为壳程。管束的壁面即为传热面。在管壳式换热器中，通常在其壳体内均安装一定数量与管束相互垂直的折流挡板。以防止流体短路，迫使流体按规定路径多次错流通过管束；增加流体流速；增大流体的湍动程度。折流挡板的形式较多，其中以圆缺形（弓形）挡板为最常用。

一、列管换热器的操作要点

金属的热胀冷缩特性使得换热器不能给予剧烈的温度变化，否则在局部上会产生热应力，而使扩管部分松开或管子破损等，因此温度升降时特别需要注意。开车时应先引入冷物流，后引入热物流；停车时先停热物流，后停冷物流。间壁上如果有气膜或污垢层，会降低传热效果，因此当发现管堵或严重结垢时，应及时停车检修、清洗。

化工生产中对物料进行加热（沸腾）、冷却（冷凝），由于加热剂、冷却剂等的不同，换热器具体的操作要点也有所不同。

① 蒸汽加热　蒸汽加热必须下端排除冷凝水，否则会积于换热器中，部分或全部变为无相变传热，导致传热速率下降。同时还必须及时排放不凝性气体，以确保传热效果。

② 热水加热　热水加热一般温度不高，加热速度慢，操作稳定，只要定期排放不凝性气体，就能保证正常操作。

③ 烟道气加热　烟道气一般用于生产蒸汽或加热、汽化液体。烟道气的温度较高，且温度不易调节。在操作过程中，必须时时注意被加热物料的液位、流量和蒸汽产量，还必须做到定期排污。

④ 导热油加热　导热油加热的特点是温度高、黏度较大、热稳定性差、易燃、温度调节困难。操作时必须严格控制进出口温度，定期检查进出管口及介质流道是否结垢，做到定期排污，定期放空，过滤或更换导热油。

⑤ 水和空气冷却　操作时注意根据季节变化调节水和空气的用量。用水冷却时，还要注意定期清洗。

⑥ 冷冻盐水冷却　其特点是温度低，腐蚀性较大。在操作时应严格控制进出口的温度，防止结晶堵塞介质通道，要定期放空和排污。

⑦ 冷凝　冷凝操作需要注意的是，定期排放蒸汽侧的不凝性气体，特别是减压条件下不凝性气体的排放。

二、列管换热器单元仿真操作训练

1. 流程简介

来自界区外的温度为 92℃ 的冷物流（沸点为 198.25℃）经阀门 VB01 和泵 P101A/B，送至换热器 E101 的壳程被流经管程的热物流加热至 145℃，并有 20% 被汽化，冷物流的流量由流量控制器 FIC101 控制，正常流量为 12000kg/h。来自另一设备的温度为 225℃ 热物流经泵 P102A/B 送至换热器 E101 与流经壳程的冷物流进行热交换，热物流的出口温度（177℃）由调节阀 TIC101 进行控制。

为保证热物料的流量稳定，TIC101 采用分层控制，TV101A 和 TV101B 分别调节流经

E101 和副线的流量，TIC101 输出 1％～100％分别对应 TV101A 开度 0％～100％，TV101B 开度 100％～0％。

列管换热器带控制点工艺流程图如图 3-1 所示，列管换热器 DCS 图如图 3-2 所示，列管换热器现场图如图 3-3 所示。

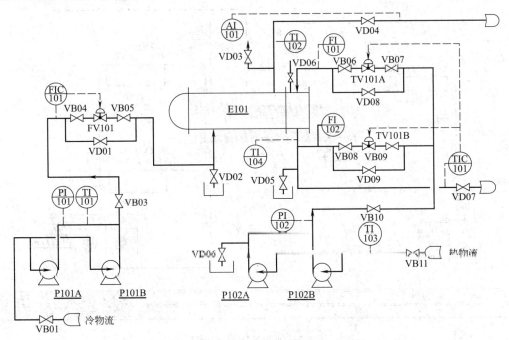

图 3-1 换热器单元带控制点工艺流程图

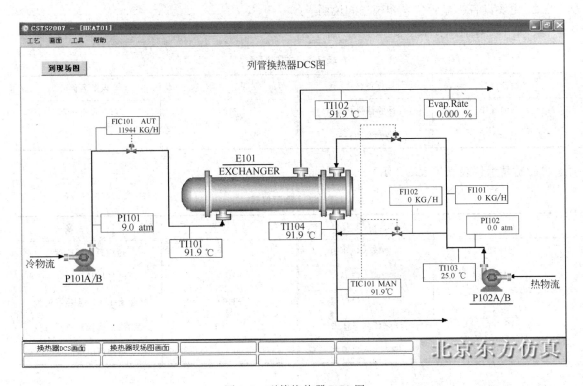

图 3-2 列管换热器 DCS 图

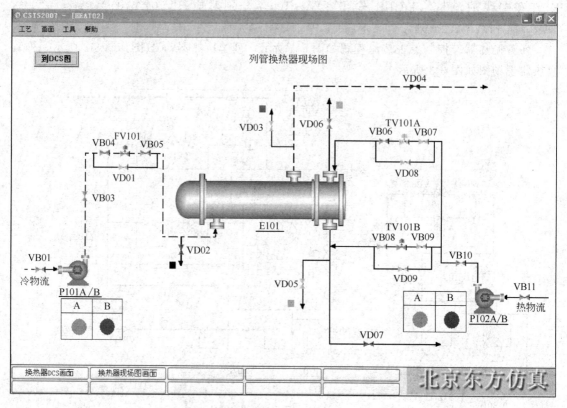

图 3-3 列管换热器现场图

2. 主要设备、显示仪表和现场阀说明

（1）主要设备（见表 3-1）

表 3-1 主要设备

设备位号	设备名称	设备位号	设备名称
P101A/B	冷物流进料泵	E101	列管式换热器
P102A/B	热物流进料泵		

（2）显示仪表（见表 3-2 示）

表 3-2 显示仪表

位 号	显示变量	位 号	显示变量
PI101	冷物流入口压力	TI104	热物流出口温度
TI101	冷物流入口温度	FI101	流经换热器流量
TI102	冷物流出口温度	FI102	热物流未流经换热器流量
PI102	热物流入口压力	FIC101	冷物流未流经换热器流量
TI103	热物流入口温度	TIC101	热物流出口温度

（3）现场阀（见表 3-3）

表 3-3　现场阀

位号	名　　称	位号	名　　称	位号	名　　称
VB01	泵 P101A/B 前阀	VB09	调节阀 TV101B 前阀	VD05	E101 管程泄液手阀
VB03	泵 P101A/B 后阀	VB10	泵 P102A/B 前阀	VD06	E101 管程排气手阀
VB04	调节阀 FV101 前阀	VB11	泵 P102A/B 后阀	VD07	热物流冷却后出口阀
VB05	调节阀 FV101 后阀	VD01	调节阀 FV101 旁通阀	VD08	调节阀 TV101A 旁通阀
VB06	调节阀 TV101A 后阀	VD02	E101 壳程泄液手阀	VD09	调节阀 TV101B 旁通阀
VB07	调节阀 TV101A 前阀	VD03	E101 壳程排气手阀	FV101	冷物流流量控制阀
VB08	调节阀 TV101B 后阀	VD04	冷物流加热后出口阀	TV101A/B	热物流流量调节阀

任务一　开车操作训练

一、启动冷物流进料泵P101

① 开换热器 E101 壳程排气阀 VD03，开度约 50%；

② 打开 P101A 泵的前阀 VB01；

③ 启动泵 P101A；

④ 当进料压力指示表 PI101 指示达 4.5atm 以上，打开 P101A 泵的出口阀 VB03。

二、冷物流进料

① 打开 FIC101 的前阀 VB04；

② 打开 FIC101 的后阀 VB05；

③ 打开调节阀 FV101；

④ 观察壳程排气阀 VD03 的出口，当有液体溢出时（VD03 旁边标志变绿），标志着壳程已无不凝性气体，关闭壳程排气阀 VD03，壳程排气完毕；

⑤ 打开冷物流出口阀 VD04，将其开度设定为 50%；

⑥ 手动调节 FV101，使 FIC101 稳定在 12000kg/h 左右；

⑦ 将 FIC101 投自动，设定值为 12000kg/h。

三、启动热物流入口泵P102

① 打开管程放空阀 VD06，开度为 50%；

② 打开 P102A 泵的前阀 VB11；

③ 启动 P102A 泵；

④ 打开 P102A 泵的出口阀 VB10。

四、热物流进料

① 打开 TV101A 的前阀 VB07；

② 打开 TV101A 的后阀 VB06；

③ 打开 TV101B 的前阀 VB09；

④ 打开 TV101B 的后阀 VB08；

⑤ 观察 E101 管程排气阀 VD06 的出口，当有液体溢出时（VD06 旁边标志变绿），标志着管程已无不凝性气体，此时关管程排气阀 VD06，E101 管程排气完毕；

⑥ 打开 E101 热物流出口阀 VD07；

⑦ 手动调节管程温度控制阀 TIC101 输出值，逐渐打开调节阀 TV101A 开度至 50%；

⑧ 调节 TIC101 的显示值，使其出口温度稳定在 177℃左右；

⑨ 将调节阀 TIC101 投自动，设定值为 177℃。

任务二　停车操作训练

一、停热物流进料泵P102

① 关闭 P102 泵的后阀 VB10；

② 停 P102A 泵；

③ 关闭 P102 泵前阀 VB11。

二、停热物流进料

① 将 TIC101 改为手动控制；

② 关闭 TV101A；

③ 关闭 TV101A 的前阀 VB07；

④ 关闭 TV101A 的后阀 VB06；

⑤ 关闭 TV101B 的前阀 VB09；

⑥ 关闭 TV101B 的后阀 VB08；

⑦ 关闭 E101 热物流出口阀 VD07。

三、停冷物流进料泵P101

① 关闭 P101A 泵的后阀 VB03；

② 停泵 P101A；

③ 关闭泵 P101A 前阀 VB01。

四、停冷物流进料

① 将 FIC101 改为手动；

② 关闭 FV101 的前阀 VB04；

③ 关闭 FV101 的后阀 VB05；

④ 关闭 FV101 阀；

⑤ 关闭 E101 冷物流出口阀 VD04。

五、E101 管程泄液

① 打开管程泄液阀 VD05；

② 当 VD05 的出口不再有液体泄出时，关闭泄液阀 VD05。

六、E101 壳程泄液

① 打开壳程泄液阀 VD02；

② 待壳程泄液阀 VD02 的出口不再有液体泄出时，关闭泄液阀 VD02。

任务三　正常运营管理及事故处理操作训练

一、正常操作

熟悉工艺流程，密切注意各工艺参数的变化，维持各工艺参数稳定。正常操作下工艺参数如表 3-4 所示。

表 3-4 正常操作工艺参数

位号	正常值	单位	位号	正常值	单位
FIC101	12000	kg/h	TIC101	177	℃
TI102	145	℃	PI101	9.0	atm
FI101	10000	kg/h	Evap. Rate	0.2	%

二、事故处理

出现突发事故时，应先分析事故产生的原因，并及时做出正确的处理（见表 3-5）。

表 3-5 事故处理

事故名称	主 要 现 象	处 理 方 法
FIC101 阀卡	①FIC101 流量减小 ②泵 P101 出口压力升高 ③冷物流出口温度升高	①逐渐打开调节阀 FV101 的旁通阀 VD01 ②调节 FV101 的旁通阀 VD01 的开度，使指示值稳定在 12000kg/h ③将调节阀 FIC101 置手动 ④关闭调节阀 FIC101 的前阀 VB04 ⑤关闭调节阀 FIC101 的后阀 VB05 ⑥控制热物流出口温度控制在 177℃左右
泵 P101A 坏	①泵 P101A 出口压力骤降 ②FIC101 流量指示值急减 ③E101 冷物流出口温度升高 ④汽化率 Evap. Rate 增大	①将 FIC101 改为手动控制 ②关闭阀 FV101 ③关闭泵 P101A ④开启泵 P101B ⑤手动调节 FV101，使流量控制在 12000kg/h 左右 ⑥当流量稳定在 12000kg/h 时，将 FIC101 投自动，设定值为 12000kg/h
泵 P102A 坏	①泵 P102 A 出口压力骤降 ②冷物流出口温度下降 ③汽化率 Evap. Rate 降低	①将 TIC101 改为手动控制 ②关闭阀 TV101A ③关闭泵 P102A ④开启泵 P102B ⑤手动调节 TV101A 阀门开度，使热物流出口温度控制在 177℃左右 ⑥当热物流出口温度稳定在 177℃左右时，将 TIC101 投自动，设定值为 177℃
TV101A 阀卡	①热物流经换热器换热后的温度降低 ②冷物流出口温度降低	①打开 TV101A 的旁通阀 VD08 ②关闭 TV101A 的前阀 VB07 ③关闭 TV101A 的后阀 VB06 ④调节 TV101A 的旁通阀 VD08 的开度，使冷热物流出口温度（145℃左右）和热物流稳定到正常值（177℃左右）

续表

事 故 名 称	主 要 现 象	处 理 方 法
换热器 E101 部分管堵	①热物流流量减小 ②泵 P102 出口压力略升 ③冷物流出口温度降低 ④汽化率下降	①关闭 P102 泵的出口阀 VB10 ②停泵 P102A ③关闭 P102A 泵的前阀 VB11 ④将 TIC101 改为手动控制 ⑤关闭 TV101A ⑥关闭 TV101A 的前阀 VB07 ⑦关闭 TV101A 的后阀 VB06 ⑧关闭 TV101B 的前阀 VB09 ⑨关闭 TV101B 的后阀 VB08 ⑩关闭 E101 热物流出口阀 VD07 ⑪关闭 P101 泵的后阀 VB03 ⑫停泵 P101A ⑬关闭 P101 泵入口阀 VB01 ⑭将 FIC101 改为手动控制 ⑮关闭 FV101 的前阀 VB04 ⑯关闭 FV101 的后阀 VB05 ⑰关闭 FV101 ⑱关闭 E101 冷物流出口阀 VD04 ⑲打开泄液阀 VD05 泄液 ⑳待管程液排尽后，关闭泄液阀 VD05 ㉑打开泄液阀 VD02 ㉒等壳程液体排尽后，关闭泄液阀 VD02
换热器 E101 壳程结垢严重	热物流出口温度升高	①关闭 P102 泵的出口阀 VB10 ②停泵 P102A ③关闭 P102A 泵的入口阀 VB11 ④将 TIC101 改为手动控制 ⑤关闭 TV101A ⑥关闭 TV101A 的前阀 VB07 ⑦关闭 TV101A 的后阀 VB06 ⑧关闭 TV101B 的前阀 VB09 ⑨关闭 TV101B 的后阀 VB08 ⑩关闭 E101 热物流出口阀 VD07 ⑪关闭 P101 泵的出口阀 VB03 ⑫停泵 P101A ⑬关闭 P101 泵入口阀 VB01 ⑭将 FIC101 改为手动控制 ⑮关闭 FV101 的前阀 VB04 ⑯关闭 FV101 的后阀 VB05 ⑰关闭 FV101 ⑱关闭 E101 冷物流出口阀 VD04 ⑲打开泄液阀 VD05 泄液 ⑳待管程液排尽后，关闭泄液阀 VD05 ㉑打开泄液阀 VD02 ㉒等壳程液体排尽后，关闭泄液阀 VD02

思考题

1. 冷态开车是先送冷物料，后送热物料；而停车时又要先关热物料，后关冷物料，为什么？

2. 开车时不排出不凝气会有什么后果？如何操作才能排净不凝气？

3. 为什么停车后管程和壳程都要高点排气、低点泄液？

4. 影响间壁式换热器传热量的因素有哪些？

5. 传热有哪几种基本方式？各自的特点是什么？

6. 工业生产中常见的换热器有哪些类型？

项目二 管式加热炉单元

在工业生产中，能对物料进行热加工，并使其发生物理或化学变化的加热设备称为工业炉或窑。一般把用来完成各种物料的加热、熔炼等加工工艺的加热设备叫做炉，而把用于固体物料热分解所用的加热设备，叫做窑。管式加热炉是一种直接受热式加热设备，主要用于加热液体或气体化工原料，所用燃料通常有燃料油和燃料气。管式加热炉一般由辐射室、对流室、余热回收系统、燃烧器以及通风系统五部分所组成。

管式加热炉的传热方式以辐射传热为主。辐射室是通过火焰或高温烟气进行辐射传热的部分，也是热交换的主要场所（占热负荷的70%～80%）。

对流室是靠辐射室出来的烟气进行以对流传热为主的换热部分，对流室一般担负全炉热负荷的20%～30%。对流室吸热量的比例越大，全炉的热效率越高。

余热回收系统是从离开对流室的烟气中进一步回收余热的部分。目前，炉子的余热回收系统以采用空气预热方式居多，通常只有高温管式炉和纯辐射炉才使用废热锅炉。安设余热回收系统后，整个炉子的总热效率能达到88%～90%。

燃料室是炉子的重要组成部分，燃烧室是使燃料雾化并混合空气，使之燃烧的产热设备。

通风系统作用是将燃烧用空气引入燃烧器，并将烟气引出炉子。它分为自然通风和强制通风两种方式。过去，绝大多数炉子都采用自然通风方式，烟囱通常安装在炉顶。近年来，石油化工厂逐渐开始安设独立于炉群的超高型集体烟囱。

一、管式加热炉的操作要点

1. 烘炉操作要点

① 为了保护炉管，防止炉管干烧，烘炉前要按照从对流管到辐射管的流程通入蒸汽并从辐射管放空处排出。

② 升温速度要严格按照升温曲线要求，防止温度突升、突降。

2. 开炉操作要点

① 对炉子的零部件及附属设备、工艺管线、仪表等进行全面检查，确保工艺流程无误、设备及零部件完好齐全。

② 对炉子系统所属的工艺管线、设备须以蒸汽贯通，确保工艺管线畅通。贯通时，蒸汽量由小到大，逐渐增加，冷凝水要及时放出，防止水击。

③ 设备要进行试压。目的是检查施工质量，检查设备是否存在缺陷和隐患。

④ 试压合格后，将原料、燃料和雾化蒸汽分别引入炉子系统。引进燃料气前，管内空气含氧量要小于1%，蒸汽引入时，要注意放冷凝水。

3. 点火操作要点

① 点火前必须向炉膛吹蒸汽10～15min，把残留在炉内的可燃气体赶走，直至烟囱冒

水蒸气，停止吹汽。

②用柴油浸透的点火棒点火。点火棒放在火嘴旁边，点燃料气时，稍开风门，先开蒸汽阀，再开油阀。火嘴点燃后，适当调节雾化油（或气）门、风门和雾化蒸汽阀门的开度，使火焰燃烧正常，火嘴数目应逐个增加，注意分布均匀。

4. 停炉操作要点

正常停炉按照降量和降温要求，逐渐停烧火嘴，至剩下1～2个火嘴。在燃料用量减少的过程中，可适当开大燃料油的循环阀。停火嘴时，先停油（或气），并立即开蒸汽清扫火嘴。

二、管式加热炉单元仿真操作训练

1. 流程简介

本单元选择的是石油化工生产中最常用的管式加热炉。工艺物料在流量调节器FIC101的控制下先进入加热炉F101的对流段，经对流加热升温后，再进入F101的辐射段，被加热至420℃后出加热炉，送至下一工序，其炉出口温度由调节器TIC106通过调节燃料气流量或燃料油压力来控制。

采暖水在调节器FIC102控制下，经与加热炉F101的烟气换热至210℃，回收余热后，返回采暖水系统。

燃料气管网的燃料气在压力调节器PIC101的控制下进入燃料气分液罐V105，燃料气在V105中脱油脱水后，分两路送入加热炉，一路在PCV01控制下送入长明线点火；一路在TV106调节阀控制下送入油-汽联合燃烧器进行燃烧。

来自燃料油罐V108的燃料油经P101A/B升压后，在PIC109控制压送至燃烧器火嘴前，用于维持火嘴前的油压，多余燃料油返回V108。来自管网的雾化蒸汽在PDIC112的控制压与燃料油保持一定压差情况下送入燃料器。来自管网的吹热蒸汽直接进入炉膛底部。

管式加热炉带控制点工艺流程如图3-4所示，管式加热炉DCS图如图3-5所示，管式加热炉现场图如图3-6所示。

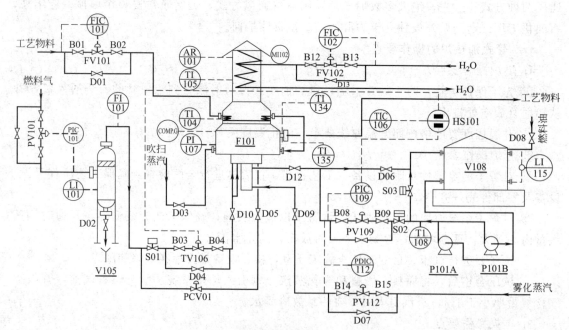

图3-4　加热炉单元带控制点工艺流程图

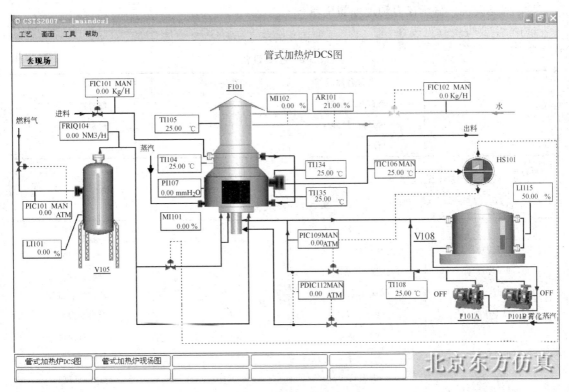

图 3-5　管式加热炉 DCS 图

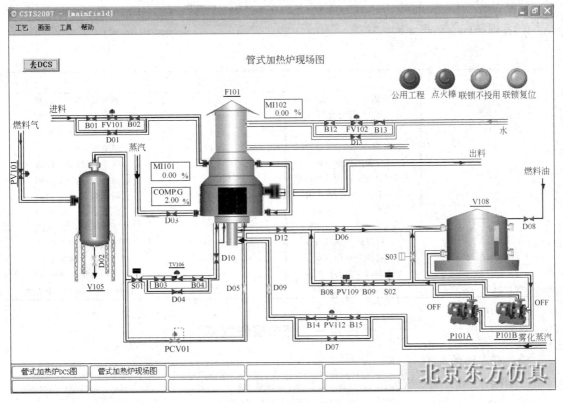

图 3-6　管式加热炉现场图

2. 主要设备、显示仪表和现场阀说明

(1) 主要设备（见表3-6）

表3-6 主要设备

设备位号	设备名称	设备位号	设备名称
V105	燃料气分液罐	P101A	燃料油 A 泵
V108	燃料油贮罐	P101B	燃料油 B 泵
F101	管式加热炉		

(2) 显示仪表（见表3-7）

表3-7 显示仪表

位 号	变量说明	位 号	变量说明
AR101	烟气氧含量	TI104	炉膛温度
FIC101	工艺物料进料量	TI105	烟气温度
FIC102	采暖水进料量	TIC106	工艺物料炉温度
LI101	V105 液位	TI108	燃料油温度
LI115	V108 液位	TI134	炉出口温度
PIC101	V105 压力	TI135	炉出口温度
PI107	烟膛负压	MI101	风门开度
PIC109	燃料油压力	MI102	挡板开度
PDIC112	雾化蒸汽压差		

(3) 现场阀（见表3-8）

表3-8 现场阀

位 号	名 称	位 号	名 称
D01	调节阀 PV101 旁通阀	B02	调节阀 FV101 后阀
D02	V105 泄液阀	B03	调节阀 TV106 前阀
D03	吹扫蒸汽阀	B04	调节阀 TV106 后阀
D04	调节阀 TV106 旁通阀	B08	调节阀 PV109 后阀
D05	长明线阀	B09	调节阀 PV109 前阀
D06	燃料油贮罐 V108 回油阀	B12	调节阀 FV102 后阀
D07	调节阀 PV112 旁通阀	B13	调节阀 FV102 前阀
D08	燃料油进 V108 阀	B14	调节阀 PV112 后阀
D09	雾化蒸汽入炉底部阀	B15	调节阀 PV112 前阀
D10	燃料气入炉底部阀	HS101	油气控制切换开关
D12	燃料油入炉底部阀	S01	燃料气进加热炉电磁阀
D13	调节阀 FV102 旁通阀	S02	燃料油进加热炉电磁阀
B01	调节阀 FV101 前阀	S03	燃料油返回 V108 电磁阀

任务一 开车操作训练

一、开车前的准备

① 开启公用工程（按现场图"公用工程"按钮）；

② 启动联锁不投用（按现场图"联锁不投用"按钮）；

③ 联锁复位（按现场图"联锁复位"按钮）。

二、点火前的准备工作

① 全开加热炉的烟道挡板 MI102；

② 打开吹扫蒸汽阀 D03，吹扫炉膛内的可燃气体；

③ 待可燃气体的含量低于 0.5％后，关闭吹扫蒸汽阀 D03；

④ 调节风门 MI101 开度至 30％左右；

⑤ 同时调节 MI102 开度在 30％左右，使炉膛正常通风；

⑥ 调节 PIC101，向罐 V105 充燃料气，使罐 V105 内压力 PI101 保持在 2atm 左右。

三、加热炉点火

① 启动点火棒；

② 待罐 V105 内压力大于 0.5atm 后，打开常明线阀 D05。

四、加热炉升温

① 确认点火成功后，打开调节阀 TV106 的前阀 B03；

② 打开调节阀 TV106 的后阀 B04；

③ 稍开调节阀 TV106（开度小于 10％）；

④ 全开阀 D10；

⑤ 调节阀 TV106，使炉膛温度缓慢升至 180℃。

五、工艺物料进料

① 当炉膛温度升至 180℃后，打开进料调节阀 FV101 的前阀 B01；

② 打开进料调节阀 FV101 的后阀 B02；

③ 稍开调节阀 FV101（开度小于 10％），引进工艺物料；

④ 同时打开采暖水调节阀 FV102 的前阀 B13；

⑤ 打开采暖水调节阀 FV102 的后阀 B12；

⑥ 稍开调节阀 FV102（开度小于 10％），引进采暖水；

⑦ 在升温过程中，逐步调节 FIC101 显示值至 3000kg/h 左右，调节 FIC102 显示值至 10000kg/h 左右；

⑧ 在 FIC101 稳定在 3000kg/h 左右后，投自动；

⑨ 在 FIC102 稳定在 10000kg/h 左右后，投自动。

六、启动燃料油系统

① 打开雾化蒸汽调节阀 PV112 的后阀 B14；

② 打开雾化蒸汽调节阀 PV112 的前阀 B15；

③ 微开调节阀 PV112；

④ 打开雾化蒸汽的底部阀 D09；

⑤ 打开燃料油调节阀 PV109 的后阀 B08；

⑥ 打开燃料油调节阀 PV109 的前阀 B09；

⑦ 开燃料油返回 V108 管线阀 D06；

⑧ 启动燃料油泵 P101A；

⑨ 微开燃料油调节阀 PV109（开度小于 10％），建立燃料油循环系统；

⑩ 打开燃料油底部阀，引燃料油入火嘴；

⑪ 打开 V108 进料阀 D08，保持贮罐液位在 50％；

⑫ 调节 PIC109 使燃料油压力控制在 6atm 左右；

⑬ 调节 PDIC112 使雾化蒸汽压力控制在 4atm 左右；

⑭ 当 PIC109 压力稳定在 6atm 左右时，将 PIC109 投自动；

⑮ 当 PDIC112 压力稳定在 4atm 左右时，将 PDIC112 投自动。

七、调整与控制

① 调节 TV106，逐步升温，使 TIC106 温度控制在 420℃ 左右；

② 调节 TV106，逐步升温，使炉膛温度控制在 640℃ 左右；

③ 在升温过程中，逐步调整风门开度使烟气氧含量为 4% 左右；

④ 在升温过程中，调节 MI102 使炉膛负压为 -2.0mmH$_2$O 左右；

⑤ 控制 TI105 在 210℃ 左右；

⑥ 将联锁投用。

任务二　停车操作训练

一、停车前的准备

摘除联锁（现场图上按下"联锁不投用"按钮）。

二、降量

① 逐步降低原料进料，FIC101 至正常的 70% 左右（2200kg/h）；

② 同时逐步降低 PV109 或 TV106 的开度，使炉出口温度 TIC106 在 420℃ 左右；

③ 同时逐步降低采暖水 FIC102 的流量，关小 FV102，使其开度小于 35%。

三、降温及停燃料油系统

① 在降低油压的同时，逐步关闭雾化蒸汽调节阀 PV112；

② 逐步关闭燃料油调节阀 PV109；

③ 待 PV109 全关后，关闭燃料油泵 P101A/B；

④ 关闭雾化蒸汽加热炉底部阀 D09；

⑤ 关闭 PV112 的前阀 B15；

⑥ 关闭 PV112 的后阀 B14；

⑦ 关闭 V108 进油阀 D08；

⑧ 关闭燃料油进加热炉底部阀 D12；

⑨ 关闭调节阀 PV109 后阀 B08；

⑩ 关闭调节阀 PV109 前阀 B09。

四、停燃料气及工艺物料

① 待燃料油系统停完后，关闭 V105 燃料气入口调节阀 PV101，停止向 V105 供燃料气；

② 待 V105 罐压力低于 0.2atm 时，关闭燃料气调节阀 TV106；

③ 关闭燃料气进炉根部阀 D10；

④ 关闭调节阀 TV106 的后阀 B04；

⑤ 关闭调节阀 TV106 的前阀 B03；

⑥ 待 V105 罐压力降至 0.1atm 时，关闭燃料气常明线阀 D05；

⑦ 待炉膛温度低于 150℃ 时，关闭调节阀 FV101；

⑧ 待炉膛温度低于 150℃ 时，关闭调节阀 FV101 的后阀 B02；

⑨ 待炉膛温度低于 150℃时，关闭调节阀 FV101 的前阀 B01；

⑩ 待炉膛温度低于 150℃时，关闭调节阀 FV102；

⑪ 待炉膛温度低于 150℃时，关闭调节阀 FV102 的后阀 B12；

⑫ 待炉膛温度低于 150℃时，关闭调节阀 FV102 的前阀 B13。

五、炉膛吹扫

① 灭火后，打开 D03 吹扫炉膛 5s；

② 炉膛吹扫完毕，关闭 D03；

③ 全开风门 MI101，MI102 烟道挡板开度为 100%，使炉膛正常通风。

任务三 正常运营管理及事故处理操作训练

一、正常操作

熟悉工艺流程，密切注意各工艺参数的变化，维持各工艺参数稳定。正常操作下工艺参数如表 3-9 所示。

表 3-9 正常操作工艺参数

位号	正常值	单位	位号	正常值	单位
TIC106	420	℃	FIC101	3072.5	kg/h
TI104	640	℃	FIC102	9584	kg/h
TI105	210	℃	PIC101	2	atm
AR101	4	%	PIC109	6	atm
PI107	−2.0	mmH$_2$O	PDIC112	4	atm

二、事故处理

出现突发事故时，应先分析事故产生的原因，并及时做出正确的处理（见表 3-10）。

表 3-10 事故处理

事故名称	主要现象	处理办法
燃料油火嘴堵	①燃料油泵出口压控阀压力忽大忽小 ②燃料气流量急骤增大	①摘除联锁 ②逐步降低原料进料，FIC101 至正常的 70% ③同时逐步降低 PV109 或 TV106 的开度，使炉出口温度 TIC106 在 420℃左右 ④同时逐步降低采暖水 FV102 的流量 ⑤在降低油压的同时，逐步关闭雾化蒸汽调节阀 PV112 ⑥逐步关闭燃料油调节阀 PV109 ⑦待 PV109 全关后，关闭燃料油泵 P101A/B ⑧停燃料油系统后，关闭燃料气入口调节阀 PV101 ⑨待 V105 罐压力低于 0.2atm 时，关闭燃料气调节阀 TV106 ⑩待 V105 罐压力降至 0.1atm 时，关闭燃料气长明线阀 D05 ⑪待炉膛温度低于 150℃后，关闭 FV101 ⑫待炉膛温度低于 150℃后，关闭调节阀 FV102 ⑬灭火后，打开 D03 吹扫炉膛 5s ⑭炉膛吹扫完毕，关闭 D03 ⑮全开风门 MI101，MI102 烟道挡板开度为 100%，使炉膛正常通风
燃料气压力低	①炉膛温度下降 ②炉出口温度下降 ③燃料气分液罐压力降低	调节 PV109 阀门开度，使炉膛温度 TI104 稳定在 640℃左右，原料炉的出口温度 TI106 在 420℃左右

事故名称	主要现象	处理办法
炉管破裂	①炉膛温度急骤升高 ②炉出口温度升高 ③燃料气控制阀关阀	①摘除联锁 ②逐步降低原料进料 FIC101 至正常的 70% ③同时逐步降低 PV109 或 TV106 的开度，使炉出口温度 TIC106 在 420℃左右 ④同时逐步降低采暖水 FV102 的流量 ⑤在降低油压的同时，逐步关闭雾化蒸汽调节阀 PV112 ⑥逐步关闭燃料油调节阀 PV109 ⑦待 PV109 全关后，关闭燃料油泵 P101A/B ⑧停燃料油系统后，关闭燃料气入口调节阀 PV101 ⑨待 V105 罐压力低于 0.2atm 时，关闭燃料气调节阀 TV106 ⑩待 V105 罐压力降至 0.1atm 时，关闭燃料气长明线阀 D05 ⑪使炉膛温度低于 150℃后，关闭 FV101 ⑫使炉膛温度低于 150℃后，关闭调节阀 FV102 ⑬灭火后，打开 D03 吹扫炉膛 5s ⑭炉膛吹扫完毕，关闭 D03 ⑮全开风门 MI101、MI102 烟道挡板开度为 100%，使炉膛正常通风
燃料气调节阀卡	①调节器信号变化时燃料气流量不发生变化 ②炉出口温度下降	调节 PV109 阀的旁通阀的开度，使炉膛温度 TI104 稳定在 640℃左右，原料炉的出口温度 TI106 在 420℃左右
燃料气带液	①炉膛和炉出口温度先下降 ②燃料气流量增加 ③燃料气分液罐液位升高	①打开泄液阀 D02，使 V105 泄液 ②增大燃料气入炉量，使原料炉的出口温度 TI106 在 420℃左右
燃料油带水	燃料气流量增加	①关闭燃料油根部阀 ②开大燃料气入炉调节阀，使炉出口温度 TI106 在 420℃左右
雾化蒸汽压力低	①产生联锁 ②PIC109 控制失灵 ③炉膛温度下降	①关闭雾化蒸汽入炉底部阀 ②关闭燃料油入炉底部阀 ③调节燃料气调节阀 TV106，使炉膛温度 TI104 稳定在 640℃左右
燃料油泵 P101A 停	①炉膛温度急剧下降 ②燃料气控制阀开度增加	①现场启动备用泵 P101B ②调节燃料气控制阀的开度，使炉膛温度 TI104 稳定在 640℃左右

思考题

1. 什么叫工业炉？按热源可分为几类？
2. 油汽混合燃烧炉的主要结构是什么？开/停车时应注意哪些问题？
3. 加热炉在点火前为什么要对炉膛进行蒸汽吹扫？
4. 加热炉点火时为什么要先点燃点火棒，再依次开长明线阀和燃料气阀？
5. 在点火失败后，应做些什么工作？为什么？
6. 加热炉在升温过程中为什么要烘炉？升温速度应如何控制？
7. 加热炉在升温过程中，什么时候引入工艺物料？为什么？
8. 在点燃燃油火嘴时应做哪些准备工作？
9. 雾化蒸汽量过大或过小，对燃烧有什么影响？应如何处理？
10. 烟道气出口氧气含量为什么要保持在一定范围？过高或过低意味着什么？

11. 加热过程中风门和烟道挡板的开度大小对炉膛负压和烟道气出口氧气含量有什么影响？

12. 本流程中三个电磁阀的作用是什么？在开/停车时应如何操作？

项目三 锅炉单元

　　锅炉是将燃料燃烧放出的热能传递给水，使其成为具有一定压力和温度的蒸汽或水的动力设备。锅炉分为动力锅炉和工业锅炉两大类。动力锅炉用于动力发电等方面，所产的蒸汽的量、压力和温度都较高；工业锅炉用于工业生产和采暖，除有特殊要求外，所产生的蒸汽量不需太大，压力和温度也不需要过高。

　　锅炉设备结构分为本体设备和辅助设备两大部分。本体设备包括（上、下）汽包、对流管束、下降管、水冷壁、（上、下）联箱、蒸汽过热器、减温器、省煤器、空气预热器、燃烧室、火嘴（喷燃器）等部分；辅助设备包括通风设备、给水设备、除灰设备和锅炉附件等部分。上汽包接受省煤器输送来的给水，由部分对流管束、下降管送入下汽包和水冷壁供蒸发用；同时，将水冷壁等上升管送来的汽水分离，把饱和蒸汽送给蒸汽过热器。为保证蒸汽的质量和锅炉的安全运行，上汽包设有汽水分离器、水位计、压力表、安全阀、加药口和连续排污管等部件。对流管束由多根细管组成，将上下汽包连接起来，吸收自炉膛出来的烟气的热量。因其中各管与烟气接触的先后顺序不同，所吸收的热量不一样，分别称为上升管和下降管。下降管常装于不受热或受热少的部位，其作用是把汽包中的水连续不断地送往下联箱，供给水冷壁，维持正常的自然水循环。水冷壁由均匀布置于炉膛各个方向的小管组成，通过上下联箱相互连接，用于吸收炉膛内的辐射热，使管内的水部分汽化，是锅炉蒸发设备的主要受热面。其管型可以是光管或翼片管。上、下联箱是一些直径较大的管，用来连接水冷壁管，起汇集、混合和分配汽水的作用。各下联箱有定期排污管，是排除炉水中泥渣或排空锅炉水的装置。上联箱与上汽包相连，将水冷壁产生的汽水混合物送入上汽包。过热器的作用是吸收烟气热量，将饱和蒸汽加热成为一定温度的过热蒸汽，列管式的过热器为便于调节温度，常分成高、低温两段，在两段之间设减温器。减温器可调节过热蒸汽的输出温度，以保证为用户提供一定温度范围内的过热蒸汽，并加热部分锅炉给水。其调温范围为 10℃ 左右。省煤器装在锅炉尾部的垂直烟道中，是锅炉的附加受热面之一，它吸收烟气的热量加热锅炉给水，同时降低排烟温度，节省了燃料消耗量。在锅炉点火升温时，省煤器通常不是连续进水。再循环管装在炉墙外，不受烟气加热，这样省煤器和再循环管所吸热量不同，在上汽包、省煤器、再循环管、下汽包、对流管束之间形成了自然水循环回路，使省煤器所吸收的热能被循环水及时带走。空气预热器装在锅炉尾部省煤器之后，也是锅炉的附加受热面，用于吸收烟气热量预热火炉空气，进一步降低排烟温度，减少燃料消耗量。炉膛也叫燃烧室，炉膛的形状与所用燃料及燃烧的方式有关。

　　锅炉运行的好坏，在很大程度上决定着整个锅炉运行的安全性和经济性。锅炉运行必须与外界负荷相适应，由于外界负荷的变化，锅炉内部工况的变化，以及锅炉设备完好程度的变动，要求操作人员必须经常进行维护，及时而准确地进行调节。

一、锅炉的操作要点

　　为保证锅炉的安全运行，锅炉用水要求十分严格，在炉外要除去固体杂质、胶体杂质、可溶性盐（主要是指钙、镁等离子的可溶性盐）和溶解氧气。在炉内，随着水的不断蒸发，未除净的可溶性钙、镁离子盐的浓度增高，为减少或避免其结垢，要通过上汽包加药口连续用泵加入磷酸氢二钠药液，将其沉淀后定期自排污口排出。烟气中含有许多飞灰微粒，应及时吹扫、清理。锅炉运行必须与外界负荷相适应。由于锅炉外界负荷和内部状况的变化，以及锅炉设备完好程度的变动，要求操作人员必须经常进行维护，及时、准确地进行调节，并进行严格的科学管理，使锅炉运行既安全又经济。

二．锅炉单元仿真操作训练

1. 工艺简介

除氧器 DW101 通过水位调节器 LIC101 接受外界来水，经热力除氧后，一部分经低压水泵 P102 供全厂各车间，另一部分经高压水泵 P101 供锅炉用水，除氧器压力由 PIC101 单回路控制。锅炉给水一部分经减温器回水至省煤器；一部分直接进入省煤器，两路给水调节阀通过过热蒸汽温度调节器 TIC101 分程控制，被烟气回热至 256℃ 饱和水进入上汽包，再经对流管束至下汽包，再通过下降管进入锅炉水冷壁，吸收炉膛辐射热使其在水冷壁里变成汽水混合物，然后进入上汽包进行汽水分离。锅炉总给水量由上汽包液位调节器 LIC102 单回路控制。256℃ 的饱和蒸汽经过低温段过热器（通过烟气换热）、减温器（锅炉给水减温）、高温段过热器（通过烟气换热），变成 447℃、3.77MPa 的过热蒸汽供给全厂用户。

燃料气包括高压瓦斯气和液态烃，分别通过压力控制器 PIC104 和 PIC103 单回路控制进入高压瓦斯罐 V101，高压瓦斯罐顶气通过过热蒸汽压力控制器 PIC102 单回路控制进入六个点火枪；燃料油经燃料油泵 P105 升压进入六个点火枪进料燃烧室。燃烧所用空气通过鼓风机 P104 增压进入燃烧室。

CO 烟气系统由催化裂化再生器产生，温度为 500℃，经过水封罐进入锅炉，燃烧后再排至烟窗。锅炉排污系统包括连排系统和定排系统，用来保持水蒸气品质。

锅炉带控制点工艺流程如图 3-7 所示，锅炉供气系统 DCS 图如图 3-8 所示，锅炉供气系统现场图如图 3-9 所示，锅炉燃料气、燃料油系统 DCS 图如图 3-10 所示，锅炉燃料气、燃料油系统现场图如图 3-11 所示，锅炉公用工程图如图 3-12 所示。

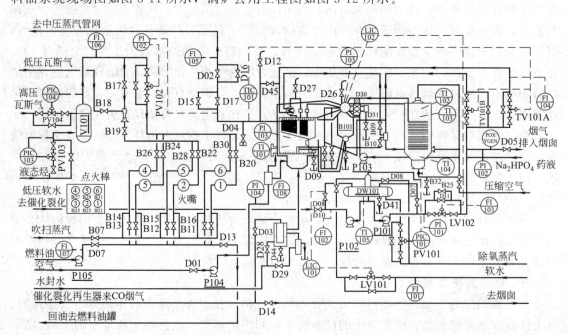

图 3-7　锅炉带控制点工艺流程图

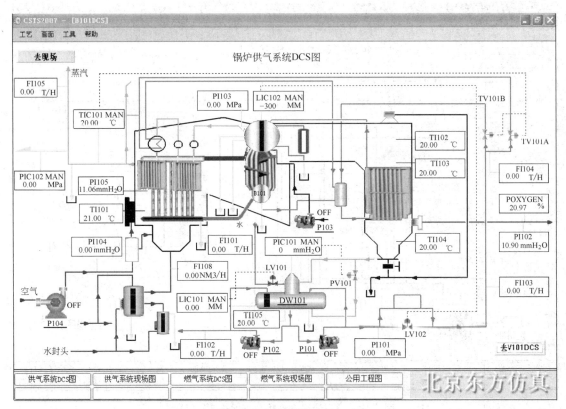

图 3-8　锅炉供气系统 DCS 图

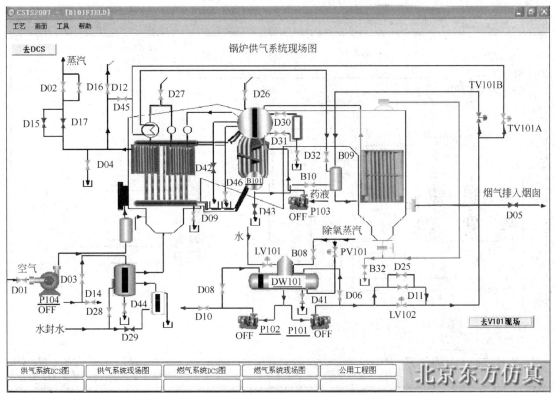

图 3-9　锅炉供气系统现场图

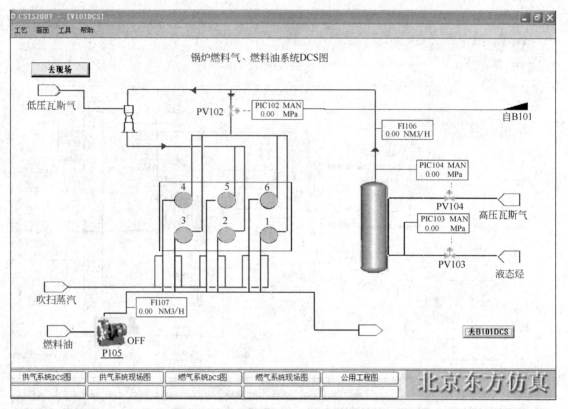

图 3-10　锅炉燃料气、燃料油系统 DCS 图

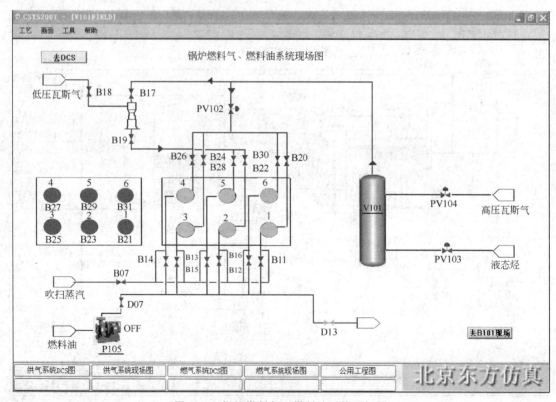

图 3-11　锅炉燃料气、燃料油系统现场图

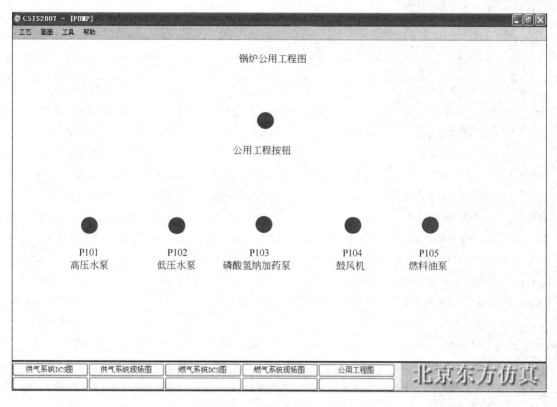

图 3-12　锅炉公用工程图

2. 主要设备、显示仪表和现场阀说明

（1）主要设备（见表 3-11）

表 3-11　主要设备

设备位号	设备名称	设备位号	设备名称
B101	锅炉主体	P102	低压水泵
V101	高压瓦斯罐	P103	Na_2HPO_4 加药泵
DW101	除氧器	P104	鼓风机
P101	高压水泵	P105	燃料油泵

（2）显示仪表（见表 3-12）

表 3-12　显示仪表

位号	显示变量	位号	显示变量
LIC101	除氧器水位	FI107	燃料油流量
LIC102	上汽包水位	FI108	烟气流量
TIC101	过热蒸汽温度	PI101	锅炉上水压力
PIC101	除氧器压力	PI102	烟气出口压力
PIC102	过热蒸汽压力	PI103	上汽包压力
PIC103	液态烃压力	PI104	鼓风机出口压力
PIC104	高压瓦斯压力	PI105	炉膛压力
FI101	软化水流量	TI101	炉膛烟温
FI102	至催化裂化除氧水流量	TI102	省煤器入口东烟温
FI103	锅炉上水流量	TI103	省煤器入口西烟温
FI104	减温水流量	TI104	排烟段东烟温
FI105	过热蒸汽输出流量	TI105	除氧器水温
FI106	高压瓦斯流量	POXYGEN	烟气出口氧含量

（3）现场阀（见表 3-13）

表 3-13 现场阀

位号	名 称	位号	名 称	位号	名 称
D01	风机入口挡板	D27	过热器放空阀	B14	4＃油枪进油阀
D02	隔离阀	D28	大水封上水阀	B15	5＃油枪进油阀
D03	烟气量遥控阀	D29	小水封上水阀	B16	6＃油枪进油阀
D04	过热器疏水阀	D30	上汽包水位计汽阀	B17	喷射器高压入口阀
D05	烟道挡板	D31	上汽包水位计水阀	B18	喷射器低压入口阀
D06	高压水泵再循环阀	D32	上汽包水位计放水阀	B19	喷射器出口阀
D07	燃料油遥控阀	D41	除氧器放水阀	B20	1＃高压瓦斯气阀
D08	低压水泵再循环阀	D42	事故放水阀	B30	2＃高压瓦斯气阀
D09	连续排污阀	D43	下汽包放水阀	B24	3＃高压瓦斯气阀
D10	低压水泵出口阀	D44	大水封放水阀	B26	4＃高压瓦斯气阀
D11	锅炉上水大旁通阀	D45	反冲洗阀	B28	5＃高压瓦斯气阀
D12	过热蒸汽放空阀	D46	定期排污阀	B22	6＃高压瓦斯气阀
D13	燃料油回油阀	B07	火嘴吹扫蒸汽阀	B21	1＃点火棒
D14	烟气至烟囱的遥控阀	B08	除氧器蒸汽再沸腾阀	B23	2＃点火棒
D15	过热蒸汽出口旁通阀	B09	减温水回水阀	B25	3＃点火棒
D16	隔离阀旁通阀	B10	省煤器与下汽包之间的再循环阀	B27	4＃点火棒
D17	过热蒸汽出口阀	B11	1＃油枪进油阀	B29	5＃点火棒
D25	锅炉上水小旁通阀	B12	2＃油枪进油阀	B31	6＃点火棒
D26	上汽包放空阀	B13	3＃油枪进油阀	B32	除尘器

任务一　开车操作训练

一、启动公用工程

在公用工程图上开启"公用工程"按钮（按钮颜色由红色变成绿色）。

二、除氧器投运

① 手动打开液位调节器 LIC101，向除氧器充水；

② 当液位指示达到 400mm 时，将调节器 LIC101 投自动，设定值为 400mm；

③ 打开除氧器加热蒸汽压力调节阀 PV101；

④ 控制除氧器压力稳定在 2000mmH$_2$O 左右，将压力调节器 PIC101 投自动，值设定为 2000mmH$_2$O。

三、锅炉上水

① 打开上汽包液位计汽阀 D30；

② 打开上汽包液位计水阀 D31；

③ 开启高压泵 P101；

④ 打开高压泵循环阀 D06 调节 P101 泵出口压力约为 5.0MPa；

⑤ 缓慢打开上汽包给水调节阀的小旁通阀 D25；

⑥ 待上汽包水位升至 −50mm 时，关闭 D25；

⑦ 开启省煤器和下汽包之间的再循环阀 B10；

⑧ 打开上汽包液位调节阀 LV102；

⑨ 小心调节 LV102 阀使上汽包液位控制在 0.0mm 左右。

四、燃料系统投运

① 开烟气大水封进水阀 D28；

② 打开高压瓦斯压力调节阀 PV104，使其压力控制在 0.3 MPa 左右；

③ 将调节器 PIC104 投自动，设定值为 0.3MPa；

④ 打开液态烃压力调节阀 PV103，使其压力控制在 0.3 MPa 左右；

⑤ 将调节器 PIC103 投自动，设定值为 0.3MPa；

⑥ 打开喷射器高压入口阀 B17；

⑦ 打开喷射器出口阀 B19；

⑧ 打开喷射器低压入口阀 B18；

⑨ 打开回油阀 D13；

⑩ 打开火嘴蒸汽吹扫阀 B07，2min 后关闭；

⑪ 开启燃料油泵 P105；

⑫ 开启燃料油泵出口阀 D07，建立炉前油循环；

⑬ 关烟气大水封进水阀 D28；

⑭ 打开泄液阀 D44 将大水封中的水排空。

五、锅炉点火

① 全开上汽包放空阀 D26；

② 全开过热器排空阀 D27；

③ 全开过热器疏水阀 D04；

④ 全开过热蒸汽对空排气阀 D12；

⑤ 打开连续排污阀 D09，开度为 50%；

⑥ 全开风机入口挡板 D01；

⑦ 打开烟道挡板 D05；

⑧ 开启引风机 P104 通风 5min 后，将烟道挡板 D05 开度调至 20% 左右；

⑨ 点燃 1# 火嘴；

⑩ 点燃 2# 火嘴；

⑪ 点燃 3# 火嘴；

⑫ 打开 1# 火嘴的根部阀 B20；

⑬ 打开 2# 火嘴的根部阀 B30；

⑭ 打开 3# 火嘴的根部阀 B24；

⑮ 打开过热蒸汽压力调节阀 PV102，手动控制升压速度；

⑯ 点燃 4# 火嘴；

⑰ 点燃 5# 火嘴；

⑱ 点燃 6# 火嘴；

⑲ 打开 4# 火嘴的根部阀 B26；

⑳ 打开 5# 火嘴的根部阀 B28；

㉑ 打开 6# 火嘴的根部阀 B22。

六、锅炉升压

① 启动加药泵 P103，将 Na_2HPO_4 溶液加入上汽包；

② 蒸汽压力 PI103 在 0.3～0.4MPa 时，开定期排污阀 D46；

③ 排污后关闭 D46（时间小于 30s）；

④ 过热蒸汽压力达到 0.7atm 时，关小放空阀 D26 和排空阀 D27；

⑤ 过热蒸汽温度达到 400℃时，手动调节 TIC101 输出值至正常值 440℃，逐渐开启调节阀 TV101A 投入减温器；

⑥ 过热蒸汽压力达到 3.6atm 时，保持此压力平稳 5min。

七、锅炉并汽

① 缓开主汽阀旁通阀 D15；

② 缓慢打开隔离阀旁通阀 D16；

③ 打开主汽阀 D17 至开度约 20％；

④ 待过热蒸汽压力达到 3.7atm 左右时，全开隔离阀 D02；

⑤ 缓慢关闭隔离阀旁通阀 D16；

⑥ 缓慢关闭主汽阀旁通阀 D15；

⑦ 待过热蒸汽压力达到 3.77atm 左右时，将 PIC102 投自动；

⑧ 关闭疏水阀 D04；

⑨ 关闭对空排气阀 D12；

⑩ 关闭省煤器与下汽包之间再循环阀 B10。

八、锅炉负荷提升

① 调节主汽阀 D17 使蒸汽负荷大于 20t/h；

② 调节减温器使过热蒸汽温度控制在 447℃左右；

③ 调节主汽阀使蒸汽负荷升至 35t/h 左右；

④ 用烟道挡板调整烟气出口氧含量值 POXYGEN 为正常值的 0.9％～3.0％；

⑤ 缓慢调节主汽阀开度，使蒸汽负荷缓慢升至 65t/h 左右；

⑥ 开除尘阀 B32，进行钢珠除尘。

九、至催化裂化除氧水流量提升

① 启动低压水泵 P102；

② 适当开启低压水泵出口再循环阀 D08，调节泵出口压力；

③ 逐渐调节低压水泵出口阀 D10，使去催化的除氧水流量为 100t/h 左右。

任务二　停车操作训练

一、正常停车

1. 锅炉负荷降量

① 开除尘阀 B32 彻底排灰一次；

② 停开加药泵 P103；

③ 缓慢开大减温器开度，使蒸汽温度缓慢下降；

④ 缓慢调节主汽阀 D17，降低锅炉蒸汽负荷；

⑤ 打开主汽前疏水阀 D04。

2. 关闭燃料系统

① 缓慢关闭燃料油泵出口阀 D07；

② 关闭燃料油泵 P105；

③ 打开 B07 对火嘴进行吹扫；

④ 缓慢关闭液态烃压力调节阀 PV103；

⑤ 缓慢关闭高压瓦斯压力调节阀 PV104；

⑥ 缓慢关闭过热蒸汽压力调节阀 PV102。

3. 冷却

① 逐渐关闭主蒸汽阀门 D17；

② 尽量控制炉内压力，使其平缓下降后，关闭隔离阀 D02；

③ 关闭连续排污阀 D09，并确认定期排污阀 D46 已关闭；

④ 缓慢开过热蒸汽疏水阀 D04，控制蒸汽压力平衡下降；

⑤ 关闭引风机挡板 D01；

⑥ 停引风机 P104；

⑦ 关闭烟道挡板 D05。

4. 停上汽包上水

① 手动控制 LIC102 的输出值，缓慢关闭除氧器液位调节阀 LV102（输出值为 0.0mm 说明已停止上水）；

② 打开再循环阀 B10；

③ 主汽阀 D17 关闭后，可随时关闭除氧器加热蒸汽压力调节阀 PV101；

④ 关闭低压水泵 P102；

⑤ 待过热蒸汽压力小于 0.1～0.3atm 后，打开上汽包放空阀 D26；

⑥ 开过热器放空阀 D27；

⑦ 打开给水小旁通阀 D25；

⑧ 使上汽包水位升至 30mm 后关闭 D25；

⑨ 待炉膛温度降为 100℃后，关闭高压水泵 P101。

5. 泄液

① 除氧器温度 TI105 降至 80℃后，打开 D41 泄液；

② 炉膛温度 TI101 降至 80℃后，打开 D43 泄液；

③ 开启鼓风机入口挡板 D01；

④ 打开鼓风机 P104；

⑤ 打开烟道挡板 D05 对炉膛进行吹扫；

⑥ 关闭 D01；

⑦ 关闭 P104；

⑧ 关闭 D05。

二、紧急停车

1. 上汽包停止上水

① 停加药泵 P103；

② 关闭上汽包液位调节阀 LV102；

③ 关闭上汽包与省煤器之间的再循环阀 B10；

④ 打开下汽包泄液阀 D43。

2. 停燃料系统

① 关闭过热蒸汽调节阀 PV102；

② 关闭喷射器入口阀 B17；

③ 关闭燃料油泵出口阀 D07；

④ 打开吹扫阀 B07 对火嘴进行吹扫。

3. 降低锅炉负荷

① 关闭主汽阀前疏水阀 D04；

② 关闭主汽阀 D17；

③ 打开过热蒸汽排空阀 D12 和上汽包排空阀 D26；

④ 停引风机 P104 和烟道挡板 D05。

任务三　正常运营管理及事故处理操作训练

一、正常操作

熟悉工艺流程，密切注意各工艺参数的变化，维持各工艺参数稳定。正常操作下工艺参数如表 3-14 所示。

表 3-14　正常操作工艺参数

位号	正常值	单位	位号	正常值	单位
FI105	65	t/h	POXYGEN	0.9～3.0	%
TIC101	447	℃	PIC101	2000	mmH_2O
LIC101	400	mm	PIC102	3.77	MPa
LIC102	0.0	mm	PIC103	0.30	MPa
PI101	5.0	MPa	PIC104	0.30	MPa
PI105	200	mmH_2O			

在正常运行管理过程中应注意以下几点。

① 在正常运行中，不允许中断锅炉给水。

② 当给水自动调节投入运行时，仍需经常监视锅炉水位的变化。保持给水量变化平稳，避免调整幅度过大或过急，要经常对照给水流量与蒸汽流量是否相符。若给水自动调整失灵，应改为手动调整给水。

③ 在运行中应经常监视给水压力和给水温度的变化。通过高压泵循环阀调整给水压力；通过除氧器压力间接调整给水温度。

④ 汽包水位计每班冲洗一次，冲洗步骤如下。

a. 开放水阀，冲洗汽、水管和玻璃管。

b. 关水阀，冲洗汽管及玻璃管。

c. 开水阀，关汽阀，冲洗水管。

d. 开汽阀，关放水阀，恢复水位计运行（关放水阀时，水位计中的水位应很快上升，时间长会有轻微波动）。

⑤ 冲洗水位计时的安全注意事项如下。

a. 冲洗水位计时要注意人身安全，穿戴好劳动保护用具；要背向水位计，以免玻璃管爆裂伤人。

b. 关闭放水阀时要缓慢，因为此时水流量突然截断，压力会瞬时升高，容易使玻璃管爆裂。

　　c. 防止工具、汗水等碰击玻璃管，以防爆裂。

　　⑥ 汽压和汽温的调整如下。

　　a. 为确保锅炉燃烧稳定及水循环正常，锅炉蒸发量不应低于 40t/h。

　　b. 增减负荷时，应及时调整锅炉蒸发量，尽快适应系统的需要。

　　c. 在负荷变大或发生事故等条件下，应特别注意调整。

　　d. 手动调整减温水量时，不应猛增猛减。

　　e. 锅炉处于低负荷状态时，应酌情减少减温水量或停止使用减温器。

　　⑦ 锅炉燃烧的调整如下。

　　a. 应根据锅炉负荷合理地调整风量，在保证燃烧良好的条件下，尽量降低过剩空气系数，降低锅炉电耗。

　　b. 应根据负荷情况，采用"多油枪，小油嘴"的运行方式，力求各油枪喷油均匀，压力在 1.5MPa 以上，投入油枪左、右，上、下对称。

　　c. 在锅炉负荷变化时，应及时调整油量和风量，保持锅炉的汽压和汽温稳定。在增加负荷时，先加风后加油；在减负荷时，先减油后减风。

　　d. CO 烟气投入前，要烧油或烧瓦斯，使炉膛温度提高到 900℃ 以上，或锅炉负荷为 25t/h 以上，燃烧稳定，各部位温度正常。

　　e. 在投入 CO 烟气时，应慢慢增加 CO 烟气量，CO 烟气进炉控制蝶阀后压力比炉膛压力高 30mmH₂O，保持 30min，而后再加大 CO 烟气量，使水封罐等均匀预热。

　　f. 凡停烧 CO 烟气时应注意加大其他燃料量，保持原负荷。在停用 CO 烟气后，水封罐上水。以免急剧冷却造成水封罐内层钢板和衬筒严重变形或焊口裂开。

　　⑧ 锅炉排污。

　　a. 定期排污在负荷平稳高水位情况下进行。事故处理或负荷有较大波动时，严禁排污。

　　b. 每次定排回路的排污持续时间，排污阀全开到全关时间不准超过 30s，不准同时开启两个或更多的排污阀门。

　　c. 排污前，应做好联系；排污时，应注意监视给水压力和水位变化，维持正常水位；排污后，应进行全面检查确认各排污门关闭严密。

　　d. 不允许两台或两台以上的锅炉同时排污。

　　e. 在排污过程中，如果锅炉发生事故，应立即停止排污。

　　⑨ 钢珠除灰

　　a. 锅炉尾部受热面应定期除尘：当燃 CO 烟气时，每天除尘一次，在后夜班进行。不烧 CO 烟气时，每星期一后夜班进行一次。停烧 CO 烟气时，增加除尘一次。若排烟温度不正常升高，适当增加除尘次数。每次 30min。

　　b. 钢珠除灰前，应做好联系。吹灰时，应保持锅炉运行正常，燃烧稳定，并注意汽温、汽压变化。

　　⑩ 自动装置运行

　　a. 锅炉运行时，当自动装置的调节机构完整好用、锅炉运行平稳和参数正常、锅炉蒸发量在 30t/h 以上时，应将自动装置投入运行。

　　b. 自动装置投入运行时，仍须监视锅炉运行参数的变化，并注意自动装置的动作情况，避免因失灵造成不良后果。

c. 当出现锅炉运行不正常（自动装置不维持其运行参数在允许范围内变化或自动失灵时）或外部事故使锅炉负荷波动较大时等情况出现时，应立即解除自动运行，改为手动控制。

二、事故处理

出现突发事故时，应先分析事故产生的原因，并及时做出正确的处理（见表 3-15）。

表 3-15　事故处理

事故名称	主 要 现 象	处 理 办 法
锅炉满水	水位计液位指示突然超过可见水位上限（+300mm），由于自动调节，给水量减少	①关闭燃料油泵出口阀 D07 ②关闭过热蒸汽调节阀 PV102 ③关闭喷射器入口阀 B17 ④打开吹扫阀 B07 对火嘴进行吹扫 5～10min ⑤关闭烟道挡板 D05 和引风机挡板 D01 ⑥关闭主蒸汽阀 D17 ⑦打开过热蒸汽放空阀 D12 ⑧打开上汽包放空阀 D26 ⑨停加药泵 P103 ⑩关闭上汽包液位调节阀 LV102 ⑪打开下汽包泄液阀 D43
锅炉缺水	锅炉水位逐渐下降	①开启给水调节阀的旁通阀 D11 ②开启给水调节阀的旁通阀 D25 ③关闭燃料油泵出口阀 D07 ④关闭过热蒸汽调节阀 PV102 ⑤关闭喷射器入口阀 B17 ⑥打开吹扫阀 B07 对火嘴进行吹扫 5～10min ⑦关闭烟道挡板 D05 和引风机挡板 D01 ⑧关闭主蒸汽阀 D17 ⑨打开过热蒸汽放空阀 D12 ⑩打开上汽包放空阀 D26 ⑪停加热泵 P103 ⑫关闭上汽包液位调节阀 LV102 ⑬打开下汽包泄液阀 D43
对流管坏	水位下降，蒸汽压下降，给水压力下降，炉温下降	①关闭燃料油泵出口阀 D07 ②关闭过热蒸汽调节阀 PV102 ③关闭喷射器入口阀 B17 ④打开吹扫阀 B07 对火嘴进行吹扫 5～10min ⑤关闭烟道挡板 D05 和引风机挡板 D01 ⑥关闭主蒸汽阀 D17 ⑦打开过热蒸汽放空阀 D12 ⑧打开上汽包放空阀 D26 ⑨停加热泵 P103 ⑩关闭上汽包液位调节阀 LV102 ⑪打开下汽包泄液阀 D43
减温器坏	过热蒸汽温度降低，减温水量不正常地减少，蒸汽温度调节器不正常地出现忽大、忽小振荡	①关小主汽阀 D17 ②关闭减温器 TIC101 ③打开过热器疏水阀 D04

续表

事故名称	主要现象	处理办法
蒸汽管坏	给水量上升,但蒸汽量反而略有下降,给水量与蒸汽量不平衡,炉负荷呈上升趋势	①关闭燃料油泵出口阀 D07 ②关闭过热蒸汽调节阀 PV102 ③关闭喷射器入口阀 B17 ④打开吹扫阀 B07 对火嘴进行吹扫 5～10min ⑤关闭烟道挡板 D05 和引风机挡板 D01 ⑥关闭主蒸汽阀 D17 ⑦打开过热蒸汽放空阀 D12 ⑧打开上汽包放空阀 D26 ⑨停加热泵 P103 ⑩关闭上汽包液位调节阀 LV102 ⑪打开下汽包泄液阀 D43
给水管坏	上水不正常地减小,除氧器和锅炉系统物料不平衡	①关闭燃料油泵出口阀 D07 ②关闭过热蒸汽调节阀 PV102 ③关闭喷射器入口阀 B17 ④打开吹扫阀 B07 对火嘴进行吹扫 5～10min ⑤关闭烟道挡板 D06 和引风机挡板 D01 ⑥关闭主蒸汽阀 D17 ⑦打开过热器排空阀 D12 ⑧打开上汽包排空阀 D26 ⑨停加热泵 P103 ⑩关闭上汽包液位调节阀 LV102 ⑪打开下汽包泄液阀 D43
二次燃烧	排烟温度不断上升,超过250℃,烟道和炉膛正压增大	①关闭燃料油泵出口阀 D07 ②关闭过热蒸汽调节阀 PV102 ③关闭喷射器入口阀 B17 ④打开吹扫阀 B07 对火嘴进行吹扫 5～10min ⑤关闭烟道挡板 D05 和引风机挡板 D01 ⑥关闭主蒸汽阀 D17 ⑦打开过热蒸汽放空阀 D12 ⑧打开上汽包放空阀 D26 ⑨停加热泵 P103 ⑩关闭上汽包液位调节阀 LV102 ⑪打开下汽包泄液阀 D43
电源中断	突发性出现风机停,高、低压泵停,烟气停,油泵停,锅炉灭火等综合性现象	①关闭燃料油泵出口阀 D07 ②关闭过热蒸汽调节阀 PV102 ③关闭喷射器入口阀 B17 ④打开吹扫阀 B07 对火嘴进行吹扫 5～10min ⑤关闭烟道挡板 D05 和引风机挡板 D01 ⑥关闭主蒸汽阀 D17 ⑦打开过热蒸汽放空阀 D12 ⑧打开上汽包放空阀 D26 ⑨停加热泵 P103 ⑩关闭上汽包液位调节阀 LV102 ⑪打开下汽包泄液阀 D43

思考题

1. 观察在出现锅炉负荷（锅炉给水）剧减时，汽包水位将出现什么变化？为什么？

2. 试说明减温器的作用。

3. 说明为什么上下汽包之间的水循环不用动力设备？其动力何在？

4. 结合本单元（TIC101），具体说明分程控制的作用和工作原理。

5. 锅炉本体由哪几部分组成？各部分的作用是什么？

6. 在本仿真单元中，各燃料点火是如何进行的？

7. 为什么点火前要对炉膛分别进行蒸汽吹扫和空气吹扫？

8. 运行中对锅炉进行监视和调节的主要任务是什么？

9. 锅炉用水有什么要求？炉水为什么要进行定期排污和连续排污？

10. 并汽后负荷的提升能不能迅速进行？为什么？

阅读材料

控制规律

控制规律是指控制器的输出信号与输入信号之间随时间变化的规律。控制器的输入信号，就是检测变送仪表送来的"测量值"（被控变量的实际值）与"设定值"（工艺要求被控变量的预定值）之差——偏差。控制器对偏差按照一定的数学关系，转换为控制作用，施加于对象（生产中需要控制的设备、装置或生产过程），纠正由于扰动作用引起的偏差。被控变量能否回到设定值位置，以何种途径、经多长时间回到设定值位置，很大程度上取决于控制器的控制规律。

一、双位控制

在所有的控制规律中，双位控制规律最为简单，也最容易实现。其动作规律是：当测量值大于或小于设定值时，控制器的输出为最大（或最小），即控制器的输出要么最大，要么最小。相应的执行机构也就只有两个极限位置——要么全开，要么全关。

双位控制系统结构简单、成本低、容易实现，但控制质量较差。大多应用于允许被控变量上下波动的场合，如原料贮罐、恒温箱、空调、电冰箱中的温度控制。

二、比例（P）控制

如果控制系统能使执行机构的行程变化与被控变量偏差的大小成一定比例关系，就可能使系统在连续控制下达到平衡状态。这种控制器输出的变化与输入控制器的偏差大小成比例关系的控制规律，称为比例控制规律。

比例控制规律是基本控制规律中最基本的、应用最普遍的一种。其最大优点是控制及时、迅速。只要有偏差产生，控制器立即产生控制作用。单纯的比例控制适用于扰动不大，滞后较小，负荷变化小，要求不高，允许有一定余差存在的场合。

三、比例积分（PI）控制

积分控制器的输出，不仅与输入偏差的大小有关，而且还与偏差存在的时间有关。实用中一般不单独使用积分控制规律，而是和比例控制作用一起，构成比例积分（PI）控制器。

比例积分控制器是目前应用最广泛的一种控制器，多用于工业上液位、压力、流量等控制系统。由于引入积分作用能消除余差，弥补了纯比例控制的缺陷，获得较好的控制质量。但是积分作用的引入，会使系统的稳定性变差。对于有较大惯性滞后的控制系统，要尽可能避免使用积分控制作用。

比例积分（PI）控制既有比例控制作用的迅速及时，又有积分控制作用消除余差的能力。因此，比例积分控制可以实现较为理想的过程控制。

四、比例微分（PD）控制

微分控制器输出的大小取决于输入偏差变化的速度，而与偏差的大小，以及偏差的存在与否无关。微分控制作用的特点是：动作迅速，具有超前调节功能，可有效改善被控对象有较大时间滞后的控制品质；

但它不能消除余差，尤其是对于恒定偏差输入时，根本就没有控制作用。因此，不能单独使用微分控制规律。实用中，常和比例、积分控制规律一起组成比例微分（PD）或比例积分微分（PID）控制器。

微分与比例作用合在一起，比单纯的比例作用更快。尤其是对容量滞后大的对象，可以减小动偏差的幅度，节省控制时间，显著改善控制质量。

五、比例积分微分（PID）控制

比例-积分-微分控制（简称 PID 控制）集三者之长：既有比例作用的及时迅速，又有积分作用的消除余差能力，还有微分作用的超前控制功能。三作用控制器常用于被控对象动态响应缓慢的过程，如 pH 等成分参数与温度系统。目前，生产上的三作用控制器多用于精馏塔、反应器、加热炉等温度自动控制系统。

模块四　反应设备操作训练

学习指南

✅ **知识目标**　了解化学反应在化工生产中的地位；了解化学反应器的种类、结构、特点及适用范围；掌握釜式反应器、流化床反应器和固定床反应器操作的基本知识。掌握釜式反应器、流化床反应器和固定床反应器的操作要领、常见事故及其处理方法。

✅ **能力目标**　能熟练进行釜式反应器、固定床反应器、流化床反应器等反应设备的基本操作；能对利用釜式反应器、固定床反应器、流化床反应器等进行化工生产中出现的故障进行分析判断和处理。能对釜式反应器、流化床反应器和固定床反应器进行日常维护和保养；能根据生产任务和设备特点制定简单的反应设备的安全操作规程。

✅ **素质目标**　逐步建立工程技术观念和追求知识、严谨治学、勇于创新的科学态度和理论联系实际的思维方式；逐步形成安全生产、节能环保的职业意识和敬业爱岗、严格遵守操作规程的职业操守及团结协作、积极进取的团队合作精神。

　　一个典型的化工生产过程大致由三个部分组成，即原料的预处理、化学反应和产物的分离，其中化学反应是化工生产过程的核心，而用来进行化学反应的化学反应器，则是化工生产装置中的关键设备。石油化工、有机化工、精细化工、高分子化工等化工行业的生产涉及的化学产品种类繁多，而每一个产品都有各自的反应过程及反应设备。

　　化学反应器的分类方法很多，按结构原理可分为管式反应器、釜式反应器、塔式反应器、固定床式反应器、流化床式反应器等；按操作方式可分为间歇式、连续式和半连续式三种。对化工生产而言，能对化学反应器进行熟练操作具有重要的意义。

项目一　间歇反应釜单元

　　间歇反应在助剂、制药、染料等行业的生产过程中很常见。釜式反应釜是最常用的一种用于间歇反应的设备。釜式反应釜也称为槽式反应器或锅炉反应器，是一种低高径比的圆筒形反应器，釜式反应釜既能实现液相单相反应过程，也能实现液液、气液、液固、气液固等多相反应过程。由于釜式反应釜具有适用温度和压力范围宽，操作弹性大，连续操作时温度、浓度易控制，产品质量均一等特点，因此釜式反应釜能用于多种化工产品的生产。

　　釜式反应釜内常设有搅拌（机械搅拌、气流搅拌等）装置。在高径比较大时，也可用多层搅拌桨叶。在反应过程中物料需加热或冷却时，可在反应器壁处设置夹套，或在器内设置换热面，也可通过外循环进行换热。

　　按操作方式的不同，可将釜式反应釜分为间歇釜反应釜和连续釜反应器。

① 间歇釜反应釜　也称为间歇釜，能适应不同操作条件和产品品种，适用于小批量、多品种、反应时间较长的化工产品的生产。间歇釜的缺点是需有装料和卸料等辅助操作，产品质量也不易稳定。对有些难以实现连续生产的反应过程（如一些发酵反应和聚合反应），较适合采用间歇釜反应釜。

② 连续釜反应器　也称为连续釜，常用于搅拌剧烈、液体黏度较低或平均停留时间较长的场合，可避免间歇釜的缺点，但搅拌作用会造成釜内流体的返混。

一、间歇反应釜的操作要点

1. 开车

通入惰性气体对系统进行试漏、置换操作。检查转动设备的润滑情况，正常下投运冷却水、蒸汽、热水、惰性气体、润滑油、工厂风、仪表风、密封油等系统，投运仪表、电气、安全联锁系统后往反应釜中加入原料。待釜内液体淹没最低一层搅拌叶后，启动反应釜搅拌器，继续往釜内加入原料，到达正常料位时停止。升温使釜温达到正常值。在升温的过程中，当温度达到某一规定值时，向釜内加入催化剂等辅料，并同时控制反应温度、压力、液位等工艺指示，使之达到正常值。

2. 反应控制

反应系统操作的关键是反应温度的控制，反应温度的控制一般有以下三种方法。

① 通过夹套冷却水换热。

② 通过反应釜组成气相外循环系统，调节循环气体的温度，并使其中的易冷凝气相冷凝，冷凝液流回反应釜，从而实现控制反应温度的目的。

③ 料液循规泵、料液换热器和反应釜组成料液外循环系统，通过料液换热器能够调节循环料液的温度，从而达到反应温度的控制。

在反应温度恒定、反应物料为气相时，主要通过催化剂的加料量和反应物料的加料量来控制反应压力，如反应物料为液相时，反应釜压力主要决定物料的蒸气分压，也就是反应温度。反应釜气相中，不凝性惰性气体的含量过高是造成反应釜压力超高的原因之一。此时需放火炬，以降低反应釜的压力。

反应釜液位应该严格控制。一般反应釜液位控制在 70% 左右，通过料液的出料速率来控制。连续反应时反应釜必须有自动料位控制系统，以确保液位准确控制。液位控制过低，反应产率低；液位控制过高，甚至满釜，就会造成物料浆液进入换热器、风机等设备中造成事故。

料液过浓，会造成搅拌器电机电流过高，引起超负载跳闸，停转，就会造成釜内物料结块，甚至引发飞温，出现事故。停止搅拌是造成事故的主要原因之一。控制料液浓度主要通过控制溶剂的加入量和反应物产率来实现的，有些反应过程还要考虑加料速度、催化剂用量的控制。

3. 停车

先停止向反应釜中加催化剂、原料等；溶剂继续加入，维持反应系统继续运行；在化学反应停止后，停止加入所有物料，停止搅拌器和其他传动设备后卸料；卸料完毕后用惰性气体置换，置换合格后进行检修。

二、间歇反应釜单元仿真操作训练

1. 流程简介

本工艺过程的产品（2-巯基苯并噻唑）就是橡胶制品硫化促进剂 DM（2,2'-二硫代苯并噻唑）的中间产品，该产品由多硫化钠（Na_2S_n）、邻硝基氯苯（$C_6H_4ClNO_2$）及二硫化碳（CS_2）三种原料经缩合反应得到。

主反应：

$$2C_6H_4NClO_2 + Na_2S_n \longrightarrow C_{12}H_8N_2S_2O_4 + 2NaCl + (n-2)S$$

$$C_{12}H_8N_2S_2O_4 + 2CS_2 + 2H_2O + 3Na_2S_n \longrightarrow 2C_7H_4NS_2Na + 2H_2S + 3Na_2S_2O_3 + (3n+4)S$$

副反应：

$$C_6H_4NClO_2 + Na_2S_n + H_2O \longrightarrow C_6H_6NCl + Na_2S_2O_3 + S$$

原料 $C_6H_4ClNO_2$、CS_2 分别经阀 V5、V1 进入计量罐 VX02、VX01 计量后利用位差进入反应釜 RX01。Na_2S_n 经阀 V9 进入计量罐 VX03 计量后由泵 PUMP1 输入反应釜 RX01 中。经夹套蒸汽加入适度的热量后，三种原料在反应釜中发生复杂的化学反应。釜温由夹套中的蒸汽、冷却水及蛇管中的冷却水控制，设有分程控制 TIC101（只控制冷却水），通过控制反应釜温来控制反应速度及副反应速度，来获得较高的收率及确保反应过程安全。

在本工艺流程中，主反应的活化能要比副反应的活化能高，因此升温后更利于提高主反应的收率。在 90℃的时候，主反应和副反应的速度比较接近，因此，要尽量延长反应温度在 90℃以上时的时间，以获得更多的主反应产物。

间歇反应釜带控制点工艺流程图如图 4-1 所示，间歇反应釜 DCS 图如图 4-2 所示，间歇反应釜现场图如图 4-3 所示，间歇反应釜组分分析图如图 4-4 所示。

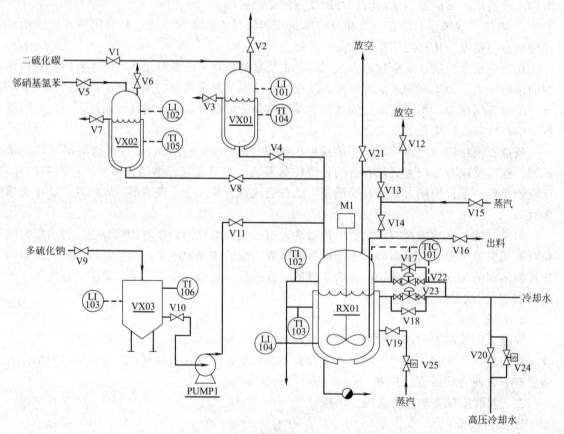

图 4-1　间歇反应釜带控制点工艺流程图

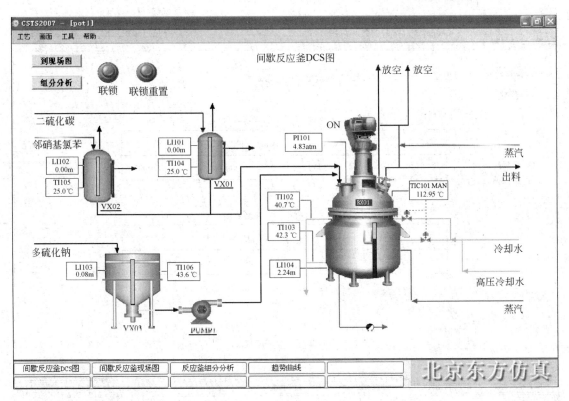

图 4-2　间歇反应釜 DCS 图

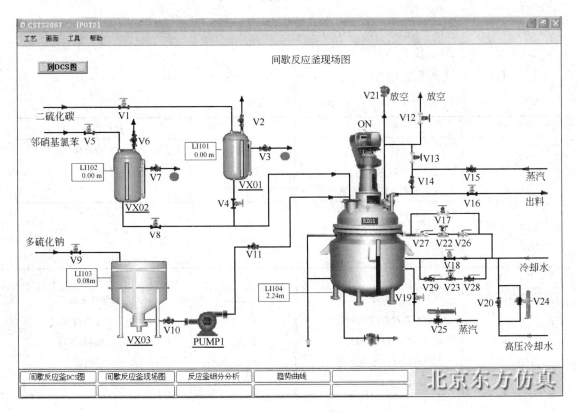

图 4-3　间歇反应釜现场图

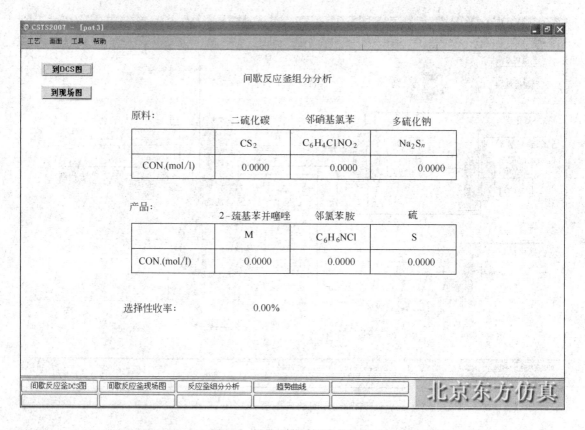

图 4-4　间歇反应釜组分分析图

2. 主要设备、显示仪表和现场阀说明

（1）主要设备（见表 4-1）

表 4-1　主要设备

设备位号	设备名称	设备位号	设备名称
RX01	间歇反应釜	VX03	Na_2S_n 沉淀罐
VX01	CS_2 计量罐	PUMP1	离心泵
VX02	邻硝基氯苯计量罐		

（2）显示仪表（见表 4-2）

表 4-2　显示仪表

位　号	变量说明	位　号	变量说明
TI102	反应釜夹套冷却水温度	LI101	CS_2 计量罐液位
TI103	反应釜蛇管冷却水温度	LI102	邻硝基氯苯罐液位
TI104	CS_2 计量罐温度	LI103	多硫化钠沉淀罐液位
TI105	邻硝基氯苯罐温度	LI104	反应釜液位
TI106	多硫化钠沉淀罐温度	PI101	反应釜压力

（3）现场阀（见表 4-3）

表 4-3　现场阀

位　号	说　明	位　号	说　明
V1	进料阀	V14	加热蒸汽阀
V2	计量罐 VX01 放空阀	V15	加热蒸汽阀
V3	计量罐 VX01 溢流阀	V16	出料阀
V4	进料阀	V17	冷却水阀
V5	进料阀	V18	冷却水阀
V6	计量罐 VX02 放空阀	V19	夹套蒸汽加热阀
V7	计量罐 VX02 溢流阀	V20	高压水阀
V8	进料阀	V21	放空阀
V9	沉淀罐 VX03 进料阀	V22	蛇管冷却水阀
V10	泵前阀	V23	冷却水阀
V11	泵后阀	V24	高压冷却水阀
V12	RX01 放空阀	V25	蒸汽加热阀
V13	加热蒸汽阀		

任务一　开车操作训练

一、向沉淀罐VX03进料（Na_2S_n）

① 开沉淀罐 VX03 进料阀 V9，向罐 VX03 充液；

② 当 VX03 液位接近 3.60m 时，关小 V9，至 3.60m 时关闭 V9；

③ 静置 4min 备用。

二、向计量罐VX01进料（CS_2）

① 打开放空阀门 V2；

② 打开计量罐 VX01 的溢流阀门 V3；

③ 打开计量罐 VX01 进料阀 V1，向罐 VX01 充液；

④ 溢流标志变绿后，迅速关闭 V1。

三、向计量罐VX02进料（$C_6H_4ClNO_2$）

① 打开计量罐 VX02 放空阀门 V6；

② 打开计量罐 VX02 溢流阀门 V7；

③ 打开计量罐 VX02 进料阀 V5，向罐 VX02 充液；

④ 溢流标志变绿后，迅速关闭 V5。

四、从VX03中向反应器RX01中进料（Na_2S_n）

① 打开反应器 RX01 放空阀 V12；

② 打开进料泵 PUMP1 的前阀 V10；

③ 打开进料泵 PUMP1；

④ 打开进料泵 PUMP1 的后阀 V11，向 RX01 中进料（Na_2S_n）；

⑤ 进料完毕（LI103 为 0.09m），关闭 PUMP1 泵的后阀 V11；

⑥ 停进料关泵 PUMP1；

⑦ 关闭进料泵的前阀 V10。

五、从VX01中向反应器RX01中进料（CS_2）

① 检查放空阀 V2 开放；

② 打开进料阀 V4 向 RX01 中进料；

③ 待进料完毕（LI101 为 0.00m），关闭 V4。

六、从 VX02 中向反应器 RX01 中进料（$C_6H_4ClNO_2$）

① 检查放空阀 V6 开放；

② 打开进料阀 V8 向 RX01 中进料；

③ 待进料完毕（LI102 为 0.00m），关闭 V8；

④ 进料完毕后关闭放空阀 V12。

七、反应初始阶段

① 打开阀门 V26；

② 打开阀门 V27；

③ 打开阀门 V28；

④ 打开阀门 V29；

⑤ 开联锁 LOCK；

⑥ 开启反应釜搅拌电机 M1；

⑦ 打开夹套蒸汽加热阀 V19，通入加热蒸汽，保持适当的升温速度。

八、反应阶段

① 关闭加热蒸汽阀 V19；

② 当温度升至 75℃ 以上时，打开 TIC101（开度略大于 50%），向反应釜通冷却水；

③ 调节 TIC101 的温度在 110～128℃ 之间（如温度继续上升，则打开高压冷却水阀 V20），控制反应的选择性在 58% 左右。

九、反应结束

当邻硝基氯苯浓度小于 0.1mol/L，关闭搅拌器 M1。

十、出料准备

① 打开放空阀 V12 5～10s，放出可燃气体；

② 关闭放空阀 V12；

③ 打开阀门 V13 和 V15，通入增压蒸汽；

④ 打开蒸汽出料预热阀 V14，片刻后关闭 V14。

十一、出料

① 打开出料阀 V16；

② 出料完毕（LI104 为 0.00m），保持吹扫 10s，关闭 V16；

③ 关闭蒸汽阀 V15 和 V13。

任务二 停车操作训练

一、出料准备

① 打开放空阀 V12 5～10s，放掉釜内残存的可燃气体；

② 关闭放空阀 V12；

③ 打开阀门 V15 和 V13 向釜内通增压蒸汽；

④ 打开蒸汽预热阀 V14，片刻后关闭 V14。

二、出料

① 打开出料阀门 V16；

② 出料完毕（LI104 为 0.00m）后，保持吹扫 10s，关闭阀门 V16；

③ 关闭蒸汽阀 V15 和 V13。

任务三 正常运营管理及事故处理操作训练

一、正常操作

熟悉工艺流程，密切注意各工艺参数的变化，维持各工艺参数稳定。正常操作下工艺参数如表 4-4 所示。

表 4-4 正常操作工艺参数

位 号	正 常 值	单 位	位 号	正 常 值	单 位
PI101	>8	atm	TI102	>60	℃
TI101	>60	℃			

① 温度调节 操作过程中以温度为主要调节对象，以压力为辅助调节对象。升温慢会引起副反应速度大于主反应速度的时间段过长，因而引起反应的产率低。升温快则容易反应失控。

② 压力调节 压力调节主要是通过调节温度实现的，但在超温的时候可以微开放空阀，使压力降低，以达到安全生产的目的。

③ 收率 由于在 90℃以下时，副反应速度大于正反应速度，因此在安全的前提下快速升温是收率高的保证。

二、事故处理

出现突发事故时，应先分析事故产生的原因，并及时做出正确的处理（见表 4-5）。

表 4-5 事故处理

事故名称	主要现象	处理办法
反应釜温度超温	温度大于 128℃（气压大于 8atm）	①打开高压冷却水阀 V20 ②全开冷却水阀 V22、V23，控制反应釜温度在 110℃ ③关闭 PUMP1
PUMP1 故障停转	反应速度逐渐下降为低值，产物浓度变化缓慢	①开放空阀 V12 5~10s，放可燃气 ②关放空阀 V12 ③开阀门 V13、V15 通增压蒸汽 ④开蒸汽出料预热阀 V14 片刻后，关闭 V14 ⑤开出料阀 V16 ⑥出料完毕（LI104 为 0.00m），保持吹扫 10s，关 V16 ⑦关闭蒸汽阀 V15、V13
冷却水阀 V22、V23 卡住（堵塞）	开大冷却水阀对控制反应釜温度无作用，且出口温度稳步上升	打开冷却水旁通阀 V17 进行调节（如仍不能控温，则同时打开阀门 V18），控制反应釜温度 TI101 在 115℃左右
出料管堵塞	出料时，内气气压较高，但釜内液位下降很慢	①打开蒸汽阀 V15 ②开出料换热蒸汽阀 V14，吹扫 5min 以上
温度显示仪表坏	温度显示为零	①改用压力显示对反应进行调节（调节冷却水用量），控制邻氯苯浓度小于 0.1mol/L ②升温至压力为 0.3~0.75atm（表）就停止加热 ③升温至压力为 1.0~1.6atm（表）开始通冷却水 ④压力为 3.5~4atm（表）以上为反应剧烈阶段 ⑤反应压力大于 7atm（表），相当于温度大于 128℃，处于故障状态 ⑥反应压力大于 10atm（表），反应器联锁启动 ⑦反应压力大于 15atm（表），反应器安全阀启动

思考题

1. 本单元应如何操作来减少副产物的生成？

2. 保温结束后，简述出料的操作步骤。

3. 反应超压后，应如何进行处理？

4. 反应超温后，应如何进行处理？

5. 工业生产中有哪几种加料方式？

6. 工业生产中有哪几种出料方式？

7. 为什么要控制反应温度在 90℃ 以上？如何提高反应的选择性？

8. 间歇釜停车的正常操作顺序是什么？

项目二　固定床反应器单元

凡是流体通过静态固体颗粒形成的床层而进行化学反应的设备都称为固定床反应器。气体反应物通过静止的床层，在催化剂表面上吸附并进行化学反应，生成物再从固体颗粒表面脱附进入到气相主体中，从而完成反应。有气-固相催化反应器和气-固相非催化反应器两种。化工生产中以气-固相催化反应器应用最为广泛。在气-固相催化反应过程中，气体反应物是在催化剂表面上进行的，因而固定床属非均相反应器。

气-固相催化反应器的主要优点是：床层内流体呈理想置换流动，流体停留时间可严格控制，温度分布可适当调节，催化剂用量少，反应器体积小，催化剂颗粒不易磨损，可在高温高压下操作等。其主要缺点有：流体流速不能太大，传热性能差，温度分布不易控制均匀，对于放热反应，在固定床中气流方向上往往存在一个最高温度点，即"热点"，床层内的"热点"温度超过工艺允许的最高温度时，会严重危害催化剂的活性、选择性、使用寿命、设备强度等性能，称为"飞温"现象，"飞温"现象也一直是设计、改造和操作控制的关键。

一、固定床反应器的操作要点

1. 温度调节

反应温度是固定床反应器重要的工艺控制指标，在正常的生产操作中，尤其是强放热反应，应及时移走热量以保证正常生产。反应器床层任何一点温度超过正常温度时应停止进料；必要时，要采用紧急措施，或启动高压放空系统以防止温度继续升高而引起反应失控。

2. 压力调节

反应压力主要通过气体的分压来调节的。压力出现波动，对整个反应的影响较大。一般情况下，不要改变循环压缩机的出口压力，也不要随便改变高压分离器压力调节器的给定值。如果压力升高，可通过压缩机每一级的返回量来调节，必要时也可通过增加排放量来调节。压力降低，一般需要增加新鲜气体的补充量。

3. 空速调节

进行提温提空速时，应"先提空速后提温"，而降空速降温时则"先降温后降空速"。操作过程中，应尽量避免空速大幅度下降，从而引起反应温度的急剧升高。

二、固定床反应器单元仿真操作训练

1. 流程简介

本工艺流程是利用催化加氢脱乙炔的工艺。乙炔是通过等温加氢反应器除掉的，反应器温度由壳侧中的冷剂温度进行控制。

主反应：

$$nC_2H_2 + 2nH_2 \longrightarrow (C_2H_6)_n + Q$$

副反应：

$$2nC_2H_4 \longrightarrow (C_4H_8)_n + Q$$

冷却介质为液态丁烷，通过丁烷蒸发带走反应器中的热量，丁烷蒸气通过冷却水冷凝。

反应原料分两股，一股为约 $-15℃$ 的以 C_2 为主的烃原料，进料量由流量控制器 FIC1425 控制；另一股为 H_2 与 CH_4 的混合气，温度约 $10℃$，进料量由流量控制器 FIC1427 控制。FIC1425 与 FIC1427 为比值控制，两股原料按一定比例在管线中混合后经原料气/反应气换热器 EH423 预热，再经原料预热器 EH424 预热到 $38℃$，进入固定床反应器 ER424A/B。预热温度由温度控制器 TIC1466 通过调节预热器 EH424 加热蒸汽（S3）的流量来控制。

ER424A/B 中的反应原料在 $2.523MPa$、$44℃$ 下反应生成 C_2H_6。当温度过高时会发生 C_2H_4 聚合生成 C_4H_8 的副反应。反应器中的热量由反应器壳侧循环的加压 C_4 冷剂蒸发带走。C_4 蒸气在水冷器 EH429 中由冷却水冷凝，而 C_4 冷剂的压力由压力控制器 PIC1426 通过调节 C_4 蒸气冷凝回流量来控制在 $0.4MPa$ 左右，从而保持 C_4 冷剂的温度为 $38℃$。

为了生产安全，本单元设有一联锁，联锁动作是：①关闭 H_2 进料，FIC 设手动；②关闭加热器 EH424 蒸汽进料，TIC1466 设手动；③闪蒸器冷凝回流控制 PIC1426 设手动，开度 100%；④自动打开电磁阀 XV1426。另该联锁有一复位按钮，联锁发生后，在联锁复位前，应首先确定反应器温度已降回正常，同时处于手动状态的各控制点的设定应设成最低值。

固定床反应器带控制点工艺流程图如图 4-5 所示，固定床反应器 DCS 图如图 4-6 所示，固定床反应器现场图如图 4-7 所示，固定床反应器组分分析图如图 4-8 所示。

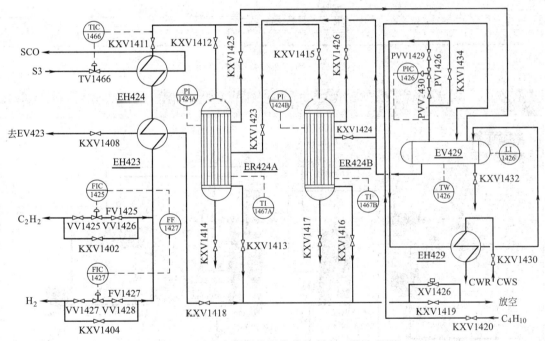

图 4-5　固定床反应器岗位带控制点工艺流程图

2. 主要设备、显示仪表和现场阀说明

（1）主要设备（见表 4-6）

表 4-6　主要设备

设 备 位 号	设 备 名 称	设 备 位 号	设 备 名 称
EH423	原料气/反应气换热器	ER424A/B	加氢反应器
EH424	原料气预热器	EV429	C_4 闪蒸罐
EH429	C_4 蒸气冷凝器		

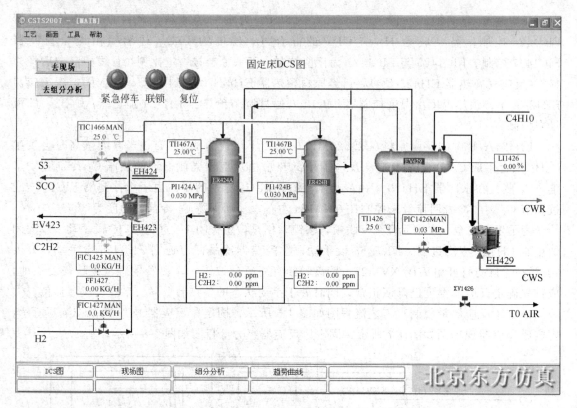

图 4-6　固定床反应器 DCS 图

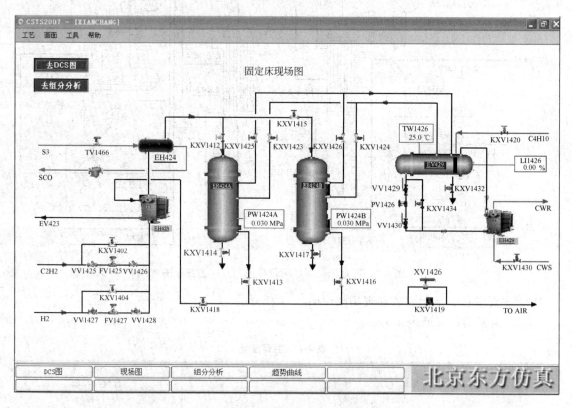

图 4-7　固定床反应器现场图

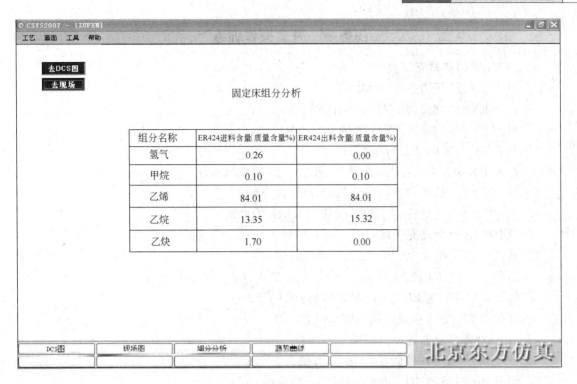

图 4-8　固定床反应器组分分析图

（2）显示仪表（见表 4-7）

表 4-7　显示仪表

位　号	显 示 变 量	位　号	显 示 变 量
FIC1425	C_2H_2 流量	LI1426	EV429 液位
FIC1427	H_2 流量	PI1424A	ER424A 压力
TIC1466	EH423 出口温度	PI1424B	ER424B 压力
TI1467A	ER424A 温度	TW1426	EV429 温度
TI1467B	ER424B 温度	PW1426A	ER424A 压力
TI1426	EV429 温度	PW1426B	ER424B 压力
PIC1426	EV429 压力		

（3）现场阀（见表 4-8）

表 4-8　现场阀

位　号	说　明	位　号	说　明
VV1425	调节阀 FV1425 前阀	KXV1416	ER424B 反应物出口阀
VV1426	调节阀 FV1425 后阀	KXV1417	ER424B 排污阀
VV1427	调节阀 FV1427 前阀	KXV1418	ER424A/B 反应物出口总阀
VV1428	调节阀 FV1427 后阀	KXV1419	反应物放空阀
VV1429	调节阀 FV1426 前阀	KXV1420	EV429 的 C_4 进料阀
VV1430	调节阀 FV1426 后阀	KXV1423	ER424A 的 C_4 冷剂入口阀
KXV1402	调节阀 FV1425 旁通阀	KXV1424	ER424B 的 C_4 冷剂入口阀
KXV1404	调节阀 FV1427 旁通阀	KXV1425	ER424A 的 C_4 冷剂气出口阀
KXV1408	EH423 反应物入口阀	KXV1426	ER424B 的 C_4 冷剂气出口阀
KXV1411	EH424 原料气出口阀	KXV1430	EV429 冷却水阀
KXV1412	ER424A 原料气入口阀	KXV1432	EV429 排污阀
KXV1413	ER424A 反应物出口阀	KXV1434	调节阀 PV1426 旁通阀
KXV1414	ER424A 排污阀	XV1426	电磁阀
KXV1415	ER424B 原料气入口阀	TV1466	蒸汽进料阀

任务一 开车操作训练

一、EV429 闪蒸器充丁烷

① 确认 EV429 压力为 0.03MPa；

② 打开 EV429 回流阀 PV1426 的前阀 VV1429；

③ 打开 EV429 回流阀 PV1426 的后阀 VV1430；

④ 调节 PV1426 阀开度为 50%；

⑤ 打开 KXV1430，开度为 50%，向 EV429 通冷却水,；

⑥ 打开 EV429 的丁烷进料阀门 KXV1420，开度 50%；

⑦ 当 EV429 液位到达 50%时，关进料阀 KXV1420。

二、ER424A 反应器充丁烷

① 确认反应器 ER424A 压力为 0.03MPa；

② 确认 EV429 液位到达 50%；

③ 打开丁烷冷剂进 ER424A 壳层的阀门 KXV1423；

④ 打开出 ER424A 壳层的阀门 KXV1425。

三、ER424A 启动准备

① 打开 S3 蒸汽进料控制 TV1466，开度为 30%；

② 调节 PIC1426 压力设定在 0.4MPa，投自动。

四、ER424A 充压、实气置换

① 打开 FV1425 的前阀 VV1425；

② 打开 FV1425 的后阀 VV1426；

③ 全开 KXV1412；

④ 打开阀门 KXV1418，开度为 50%；

⑤ 缓慢打开 ER424A 的出料阀 KXV1413，开度为 5%；

⑥ 缓慢打开乙炔的进料控制阀 FV1425，缓慢调节 FV1425 的开度慢慢提高反应器 ER424A 的压力，冲压至 2.523MPa，将 FIC1425 值控制在 56186.8kg/h 左右；

⑦ 缓慢调节 ER424A 的出料阀 KXV1413 的开度至 50%，充压至压力平衡；

⑧ 当 FIC1425 值稳定在 56186.8kg/h 左右时，FIC1425 投自动，设定值为 56186.8kg/h。

五、ER424A 配氢

① 待反应器入口温度 TIC1466 在 38.0℃ 左右时，将 TIC1466 投自动，设定值为 38.0℃；

② 当反应器温度 TI1467 大于 32.0℃后，打开 FV1427 的前、后阀 VV1427、VV1428；

③ 缓慢打开 FV1427，使氢气流量稳定在 80kg/h 左右 2min；

④ 缓慢增加氢气进料量到 200kg/h 时，将 FIC1427 投串级。

任务二 停车操作训练

一、关闭氢气进料阀

① 关闭氢气进料阀 VV1427；

② 关闭 VV1428；

③ 将 FIC1427 改为手动控制；

④ 关闭阀门 FV1427。

二、关闭加热器EH424 蒸汽进料阀TV1466

① 将 TIC1466 改为手动控制；

② 关闭加热器 EH424 蒸汽进料阀 TV1466。

三、全开闪蒸器冷凝回流阀PV1426 设手动

① 将 PIC1426 改成手动控制；

② 全开闪蒸器回流阀 PV1426。

四、逐渐关闭乙炔进料阀FV1425

① 将 FIC1425 改成手动控制；

② 逐渐关闭乙炔进料阀 FV1425；

③ 关闭阀门 VV1425；

④ 关闭阀门 VV1426。

五、逐渐开大EH429 冷却水进料阀KXV1430

① 逐渐开大 EH429 冷却水进料阀 KXV1430；

② 将闪蒸器温度 TW1426 降到常温；

③ 将反应器压力 PI1424A 降至常压；

④ 将反应器温度 TI1467A 降到常温。

任务三　正常运营管理及事故处理操作训练

一、正常操作

熟悉工艺流程，密切注意各工艺参数的变化，维持各工艺参数稳定。正常操作下工艺参数如表 4-9 所示。

表 4-9　正常操作工艺参数

位　号	正常值	单　位
TI1467A	44.0	℃
PW1424A	2.523	MPa
FIC1425	56186.8	t/h
PIC1426	0.4	MPa
TW1426	38.0	℃
TIC1466	38.0	℃

在正常运行中可根据需要进行 ER424A 与 ER424B 间的切换，其具体操作如下：

① 关闭氢气进料；

② ER424A 温度下降到低于 38.0℃后，打开阀 KXV1424、KXV1426；

③ 关闭阀 KXV1423、KXV1425；

④ 开 C_2H_2 进 ER424B 的阀 KXV1415，微开 KXV1416；

⑤ 关 C_2H_2 进 ER424A 的阀 KXV1412。

二、事故处理

出现突发事故时，应先分析事故产生的原因，并及时做出正确的处理（见表 4-10）。

表 4-10　事故处理

事故名称	主要现象	处 理 办 法
氢气进料阀卡住	氢气量无法自动调节	①将 FIC1427 改成手动控制 ②关闭阀门 VV1428 ③关闭阀门 VV1427 ④关小 KXV1430 阀，降低 EH429 冷却水量 ⑤当氢气用量恢复正常（FIC1427 稳定在 200kg/h 左右）后，将 KXV1430 阀开度调到 50%
预热器 EH424 阀卡住	换热器出口温度超高	①增加 KXV1430 的阀门开度，增加 EH429 冷却水的量 ②将 FIC1427 改成手动控制 ③关闭 FV1427，减少配氢量 ④控制 EH424 的出口温度在 44℃左右
闪蒸罐压力调节阀卡	闪蒸罐压力、温度超高	①将 PIC1426 改为手动控制 ②关闭阀门 VV1429 ③关闭阀门 VV1430 ④增大 KXV1430 阀门的开度，增加 EH429 冷却水的量 ⑤用旁通阀 KXV1434 手工调节，使闪蒸罐的压力 PC1426 在 0.4MPa 左右，闪蒸罐的温度 TW1426 在 38℃左右
反应器漏气	反应器压力迅速降低	①关闭氢气进料阀 VV1427 ②关闭阀门 VV1428 ③将 FIC1427 改成手动控制 ④关闭调节阀 FV1427 ⑤将 TIC1466 改成手动控制 ⑥关闭加热器 EH424 蒸汽进料阀 TC1466 ⑦将调节阀 PIC1426 改成手动控制 ⑧全开闪蒸器回流阀 PV1426 ⑨将调节阀 FIC1425 改成手动控制 ⑩逐渐关闭乙炔进料阀 FV1425 ⑪关闭阀门 VV1425 ⑫关闭阀门 VV1426 ⑬逐渐开大 EH429 冷却水进料阀 KXV1430，将闪蒸器的温度（TW1426）和反应器的温度（TI1467A）降至常温，反应器的压力 PI1424A 降到常压
EH429 冷却水停	闪蒸罐压力、温度超高	①关闭氢气进料阀 VV1427 ②关闭阀门 VV1428 ③将 FIC1427 改成手动控制 ④关闭调节阀 FV1427 ⑤将 TIC1466 改成手动控制 ⑥关闭加热器 EH424 蒸汽进料阀 TV1466 ⑦将调节阀 PIC1426 改成手动控制 ⑧全开闪蒸器回流阀 PV1426 ⑨将调节阀 FIC1425 改成手动控制 ⑩逐渐关闭乙炔进料阀 FV1425 ⑪关闭阀门 VV1425 ⑫关闭阀门 VV1426 ⑬逐渐开大 EH429 冷却水进料阀 KXV1430，将闪蒸器的温度（TW1426）和反应器的温度（TI1467A）降至常温，反应器的压力 PI1424A 降到常压
反应器超温	反应器温度超高，会引发乙烯聚合副反应	增大 KXV1430 的阀门开度，增加 EH429 冷却水的量，控制 EV429 温度，TI1467A 稳定在 44℃左右，ER424A 的温度 TW1426 稳定在 38℃左右

思考题

1. 结合本单元说明比例控制的工作原理。

2. 为什么是根据乙炔的进料量调节配氢气的量；而不是根据氢气的量调节乙炔的进料量？

3. 根据本单元实际情况，说明反应器冷却剂的自循环原理。

4. 观察在 EH429 冷却器的冷却水中断后会造成的结果。

5. 结合本单元实际，理解"联锁"和"联锁复位"的概念。

6. 什么是催化剂床层的"飞温"？引起"飞温"的原因是什么？

7. 冷态开车前为什么要充氮气？

项目三 流化床反应器单元

流化床反应器是将流态化技术应用于气-固相化学反应的设备，流化床反应器是工业上应用较广泛的一类反应器。它是以一定的流动速度使固体催化剂颗粒呈悬浮湍动，并在催化剂作用下进行化学反应的设备，适用于催化或非催化的气-固、液-固和气-液-固反应系统。

流化床反应器的结构型式很多，传统流化床反应器一般都由壳体、气体分布装置、内部构件、换热装置、气固分离装置、催化剂的加入和卸出装置等组成。由于流化床具有较高的传热效率、床层温度分布均匀、很大的相间接触面积、固体粒子输送方便等优点，因而在化工、冶金等领域得到了广泛的应用。与固定床相比，存在着物料返混严重、催化剂磨损大、需要气固相分离装置、操作气体速度受限等缺点。

一、流化床反应器的操作要点

由粗颗粒形成的流化床反应器，开车启动操作一般不存在问题。而细颗粒形成的流化床，特别是采用旋风分离器的情况下，因为细颗粒在常温下容易团聚，开车启动操作需按一定的要求来进行。

① 用被间接加热的空气来加热反应器，赶走反应器内的湿气，使反应器趋于热稳定状态。

② 反应器达到热稳定状态后，用热空气将催化剂由贮罐输送到反应器内，当反应器内的催化剂量足以封住一级旋风分离器料腿时，开始向反应器内送入速度超过临界流化速度不太多的热风，直至催化剂量加到规定量的 1/2～2/3 时停止输送催化剂，适当加大流态化热风。热风的量应随着床温的升高予以调节，以不大于正常操作气速为度。

③ 当床温达到可以投料时，开始投料。如果是放热反应，随着反应的进行，应逐步降低进气温度，直至切断热源，送入常温气体。若有过剩的热能，可以提高进气温度，以便回收高值热能的余热。

④ 当反应和换热系统都调整到正常的操作状态后，再逐步将未加入的 1/2～1/3 催化剂送入床内，并逐渐将反应调整到要求的工艺状态。

二、流化床反应器单元仿真操作训练

1. 流程简介

乙烯、丙烯以及反应混合气在一定的温度（70℃）、一定的压力（1.35MPa）下，通过具有剩余活性的干均聚物（聚丙烯）的引发，在流化床反应器里进行反应，同时加入氢气以改善共聚物的本征黏度，生成高抗冲击共聚物。

$$nC_2H_4 + nC_3H_6 \longrightarrow [C_2H_4-C_3H_6]_n$$

具有剩余活性的干均聚物（聚丙烯）在压差作用下自闪蒸罐 D301 从顶部进入流化床反应器 R401，落在流化床的床层上。在气体分析仪的控制下，氢气被加到乙烯进料管道中，以改进聚合物的本征黏度，满足加工需要。新补充的氢气由 FC402 控制流量，新补充的乙烯由 FC403 控制流量，需补充的丙烯由 FC404 控制流量，三者一起加入到压缩机排出口。来自乙烯汽提塔 T402 顶部的回收气相与气相反应器出口的循环单体汇合，进入 E401 与脱盐水进行换热，将聚合反应热撤出后，进入循环气体压缩机 C401，提高到反应压力后，与新补充的氢气、乙烯相汇合，通过一个特殊设计的栅板进入反应器。循环气体用工业色谱进行分析。

由反应器底部出口管路上的控制阀 LV401 来维持聚合物的料位。聚合物料位决定了停留时间，从而决定了聚合反应的程度，为了避免过度聚合的鳞片状产物堆积在反应器壁上，反应器内配置一转速较慢的刮刀 A401，以使反应器壁保持干净。

栅板下部夹带的聚合物细末，用一台小型旋风分离器 S401 除去，并送到下游的袋式过滤器中。

共聚物的反应压力约为 1.4MPa（表），温度为 70℃，该系统压力位于闪蒸罐压力和袋式过滤器压力之间，从而在整个聚合物管路中形成一定压力梯度，以避免容器间物料的返混并使聚合物向前流动。

流化床反应器带控制点工艺流程图如图 4-9 所示，流化床反应器 DCS 图如图 4-10 所示，流化床反应器现场图如图 4-11 所示，流化床反应器组分分析图如图 4-12 所示。

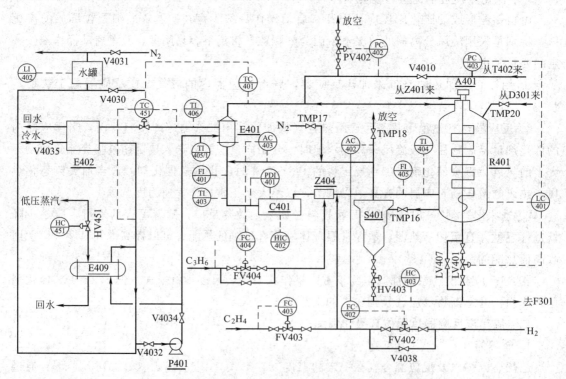

图 4-9　流化床反应器带控制点工艺流程图

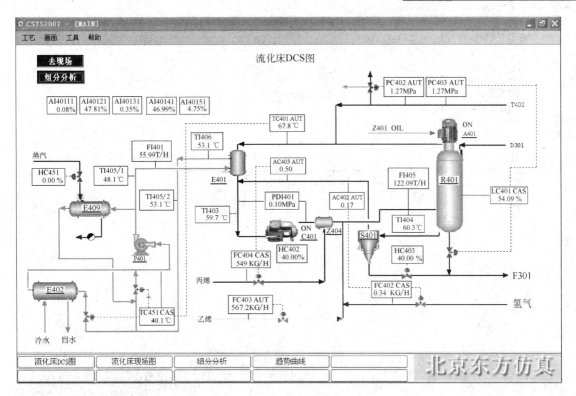

图 4-10 流化床反应器 DCS 图

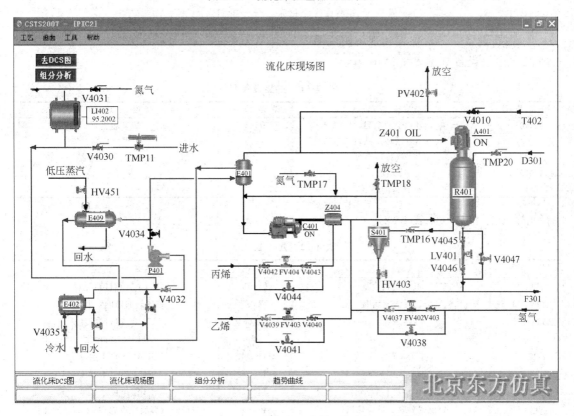

图 4-11 流化床反应器现场图

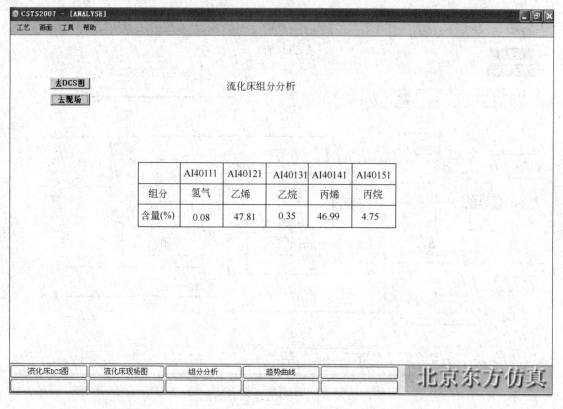

图 4-12　流化床组分分析图

2. 主要设备、显示仪表和现场阀说明

（1）主要设备（见表 4-11）

表 4-11　主要设备

设 备 位 号	设 备 名 称	设 备 位 号	设 备 名 称
A401	R401 的刮刀	P401	开车加热泵
C401	R401 循环压缩机	R401	共聚反应器
E401	R401 气体冷却器	S401	R401 旋风分离器
E402	冷却器	Z404	混合器
E409	夹套水加热器		

（2）显示仪表（见表 4-12）

表 4-12　显示仪表

位 号	显 示 变 量	位 号	显 示 变 量
FC402	氢气进料流量	FI405	R401 气相进料流量
FC403	乙烯进料流量	TI402	循环气 E401 入口温度
FC404	丙烯进料流量	TI403	E401 出口温度
PC402	R401 压力	TI404	R401 入口温度
PC403	R401 压力	TI405/1	E401 入口水温度
LC401	R401 液位	TI405/2	E401 出口水温度
TC401	R401 循环气温度	TI406	E401 出口水温度
TC451	分程调节取走反应热温降	AC402	主回路调节反应物中 H_2/C_2 的比值
FI401	E401 循环水流量	AC403	主回路调节反应产物中 $C_2/(C_2+C_3)$ 的比值

（3）现场阀（见表 4-13）

表 4-13 现场阀

位　　号	名　　称	位　　号	名　　称
TMP16	S401 进口阀	V4031	充压阀
TMP17	系统充氮阀	V4032	P401 入口阀
TMP18	排放阀	V4034	P401 出口阀
TMP20	自 D031 来的具活性聚合物进料阀	V4035	循环水阀
HV403	S401 底部阀	V4036	FV402 前阀
HV451	低压蒸汽阀	V4037	FV402 后阀
LV401	聚合物流量调节阀	V4039	FV403 前阀
PV402	放空阀	V4040	FV403 后阀
FV402	氢气进料阀	V4042	FV404 前阀
FV403	乙烯进料阀	V4043	FV404 后阀
FV404	丙烯进料阀	V4045	LV401 前阀
V4010	汽提乙烯进料阀	V4046	LV401 后阀
V4030	水罐进水阀		

任务一　开车操作训练

一、开车准备——氮气充压加热

① 打开充氮阀 TMP17，用氮气给反应器系统充压；

② 当氮气充压至 0.1MPa 时，启动共聚压缩机 C401；

③ 将导流叶片 HC402 定在 40%；

④ 打开充水阀 V4030 给水罐充液；

⑤ 打开充压阀 V4031；

⑥ 当水罐液位 LI402 大于 10%时，打开泵 P401 进口阀 V4032；

⑦ 启动泵 P401；

⑧ 调节泵出口阀 V4034 至开度为 60%；

⑨ 打开反应器至 S401 入口阀 TMP16；

⑩ 手动打开低压蒸汽阀 HV451，启动换热器 E409；

⑪ 打开循环水阀 V4035；

⑫ 当循环氮气温度 TC401 达到 70℃左右时，TC451 投自动，设定值为 68℃。

二、开车准备——氮气循环

① 当反应系统压力达 0.7MPa 时，关充氮阀 TMP17；

② 在不停压缩机的情况下，用 PV402 排放；

③ 用放空阀 TMP18 使反应系统泄压至 0.0MPa（表）；

④ 调节 TC451 阀，使反应器气相出口温度 TC401 维持在 70℃左右。

三、开车准备——乙烯充压

① 关闭排空阀 PV402；

② 关闭排空阀 TMP18；

③ 打开 FV403 的前阀 V4039；

④ 打开 FV403 的后阀 V4040；

⑤ 打开乙烯调节阀 FV403，当乙烯进料量达到 567kg/h 左右时，FC403 投自动，设定

值为 567kg/h；

⑥ 调节 TC451 阀，使反应器气相出口温度 TC401 维持在 70℃左右。

四、干态运行开车——反应进料

① 打开 FV402 前阀 V4036；

② 打开 FV402 后阀 V4037；

③ 将氢气的进料流量调节阀 FC402 投自动，设定值为 0.102kg/h；

④ 打开 FV404 的前阀 V4042；

⑤ 打开 FV404 的后阀 V4043；

⑥ 当系统压力 PI402 升至 0.5MPa 时，将丙烯进料流量调节阀 FC404 投自动，设定值为 400kg/h；

⑦ 打开进料阀 V4010；

⑧ 当系统压力 PI402 升至 0.8MPa 时，打开旋风分离器 S401 的底部阀 HV403 至开度为 20%；

⑨ 调节 TC451 阀，使反应器气相出口温度 TC401 维持在 70℃左右。

五、干态运行开车——准备接收D301来的均聚物

① 将 FC404 改为手动控制；

② 调节 FC404 开度为 85%；

③ 调节 HC403 开度至 25%；

④ 启动共聚反应器的刮刀，准备接收从闪蒸罐（D301）来的均聚物；

⑤ 调节 TC451 阀，使反应器气相出口温度 TC401 维持在 70℃左右。

六、共聚反应的开车

① 当系统压力 PI402 升至 1.2MPa 时，打开 HC403 至开度为 40%，以维持流态化；

② 打开 LV401 的前阀 V4045；

③ 打开 LV401 的后阀 V4046；

④ 打开 LC401 至开度为 20%～25%，以维持流态化；

⑤ 打开来自 D301 的聚合物进料阀 TMP20；

⑥ 关闭 HC451，停低压加热蒸汽；

⑦ 调节 TC451 阀，使反应器气相出口温度 TC401 维持在 70℃左右。

七、稳定状态的过渡

① 当系统压力 PI402 升至 1.35MPa 时，PC402 投自动，设定值为 1.35MPa；

② 手动开启 LC401 至 30%，让聚合物稳定地流过；

③ 当液位 LC401 达到 60% 时，将 LC401 投自动，设定值为 60%；

④ 缓慢提高 PC402 的设定值至 1.4MPa；

⑤ 将 TC401 投自动，设定值为 70℃；

⑥ 将 TC401 和 TC451 设置为串级控制；

⑦ 将 PC403 投自动，设定值为 1.35MPa；

⑧ 压力和组成趋于稳定时，将 LC404 和 PC403 投串级；

⑨ 将 AC403 投自动；

⑩ 将 FC404 和 AC403 串级联结；

⑪ 将 AC402 投自动；

⑫ 将 FC402 和 AC402 串级联结。

任务二 停车操作训练

一、降反应器料位

① 关闭 D301 活性聚丙烯的来料阀 TMP20；

② 手动缓慢调节 LC401，使反应器料位 LC401 降低至小于 10%。

二、关闭乙烯进料，保压

① 当反应器料位降至 10%，关闭乙烯进料阀 FV403；

② 关闭 FV403 的前阀 V4039；

③ 关闭 FV403 的后阀 V4040；

④ 当反应器料位 LC401 降低零时，关闭反应器出口阀 LV401；

⑤ 关闭 LV401 的前阀 V4045；

⑥ 关闭 LV401 的后阀 V4046；

⑦ 关闭旋风分离器 S401 上的出口阀 HV403。

三、关丙烯及氢气进料

① 手动切断丙烯进料阀 FV404；

② 关闭 FV404 的前阀 V4042；

③ 关闭 FV404 的后阀 V4043；

④ 关闭氢气进料阀 FV402；

⑤ 关闭 FV402 的前阀 V4036；

⑥ 关闭 FV402 的后阀 V4037；

⑦ 当 PC402 开度大于 80% 时，排放导压至火炬；

⑧ 当压力 PI402 为零后，关闭 PV402；

⑨ 停反应器刮刀 A401。

四、氮气吹扫

① 打开 TMP17，将氮气通入系统；

② 当系统压力 PI402 达 0.35MPa 时，关闭 TMP17；

③ 打开 PV402 放火炬，将系统压力 PI402 降为零；

④ 停压缩机 C401。

任务三 正常运营管理及事故处理操作训练

一、正常操作

熟悉工艺流程，密切注意各工艺参数的变化，维持各工艺参数稳定。正常操作下工艺参数如表 4-14 所示。

表 4-14 正常操作工艺参数

位 号	正 常 值	单 位	位 号	正 常 值	单 位
FC402	0.35	kg/h	LC401	60	%
FC403	567.0	kg/h	TC401	70	℃
FC404	400.0	kg/h	TC451	50	℃
PC402	1.4	MPa	AC402	0.18	
PC403	1.35	MPa	AC403	0.38	

二、事故处理

出现突发事故时，应先分析事故产生的原因，并及时做出正确的处理（见表 4-15）。

表 4-15　事故处理

事故名称	事故现象	处理办法
泵 P401 停	温度调节器 TC451 温度急剧上升，然后 TC401 温度随之升高	①将 FC404 改为手动控制 ②调节丙烯进料阀 FC404，增加丙烯进料量 ③调节压力调节器 PC402，维持系统压力在 1.35MPa 左右 ④将 FC403 改为手动控制 ⑤调节乙烯进料阀 FC403，增加乙烯进料量，维持 C_2/C_3 在 0.5 左右
压缩机 C401 停	系统压力急剧上升	①关闭 D301 活性聚丙烯来料阀 TMP20 ②将 PC402 改为手动控制，维持系统压力 PI402 在 1.35MPa 左右 ③将 LC401 改为手动控制 ④调节阀门 LC401 的开度，维持反应器料位 LC401 在 60％左右
丙烯进料停	丙烯进料量为零	①将 FC403 改成手动控制 ②手动关小乙烯进料量，维持 C_2/C_3 在 0.5 左右 ③关 D301 活性聚丙烯来料阀 TMP20 ④手动关小 PC402，维持系统压力 PI402 在 1.35MPa 左右 ⑤将 LC401 改为手动控制 ⑥调节阀门 LC401 的开度，维持反应器料位 LC401 在 60％左右
乙烯进料停	乙烯进料量为零	①将 FC404 改为手动控制 ②关闭丙烯进料阀 FV404，维持 C_2/C_3 在 0.5 左右 ③将 FC402 改成手动控制 ④关小氢气进料阀 FC402，维持 H_2/C_2 在 0.17 左右，反应器温度 TC401 在 70℃左右
D301 供料停	TMP20 阀显示关闭状态	①将 LC401 改成手动控制 ②手动关闭 LC401 ③将 FC404 改为手动控制 ④调小调节阀 FC404 的阀门开度（关小丙烯进料） ⑤将 FC403 改为手动控制 ⑥调小调节阀 FC403 的阀门开度（关小乙烯进料） ⑦调节系统压力 PC402 在 1.35MPa 左右；调节反应器料位 LC401 在 60％左右

思考题

1. 在开车及运行过程中，为什么一直要保持氮封？

2. 氢气在共聚过程中起什么作用？

3. 气相共聚反应的温度为什么绝对不能偏差所规定的温度？

4. 气相共聚反应的停留时间是如何控制的？

5. 气相共聚反应器的流态化是如何形成的？

6. 冷态开车时，为什么要首先进行系统氮气充压加热？

7. 什么叫流化床？与固定床比有什么特点？

阅读材料

复杂控制系统（一）

随着现代化生产规模的大型化和生产过程的复杂化，使各变量之间的相互关系更加复杂、对控制手段提出的要求也就越来越高。为了适应更高层次的要求，在简单控制系统基础上，出现了串级、均匀、比值、分程、前馈、选择等复杂控制系统。

一、分程控制系统

一般来说，一台控制器的输出仅操控一只控制阀。分程控制系统则是由一个控制器的输出，带动两个或两个以上工作范围不同的控制阀。采用分程调节主要用于以下情况。

1. 实现几种不同的控制手段

生产上有时要求对一个被控变量采用两种或两种以上的介质或手段来控制。例如反应器配好物料以后，开始要用蒸汽对反应器加热启动反应过程，待化学反应开始后，又需要及时用冷水移走反应热，以保证产品质量。这里就需要用分程控制手段来实现两种不同的控制。

2. 用于扩大控制阀的可调范围，改善控制品质

生产中有时要求控制阀有很大的可调范围才能满足生产的需要。如化学"中和过程"的 pH 值控制，有时流量有大幅度的变化，有时只有小范围的波动。用大口径阀不能进行精细调整，用小口径阀又不能适应流量大的变化。这时可用大小两个不同口径的控制阀。

分程控制系统的控制阀多为气动薄膜控制阀，分气开和气关两种形式。它的工作信号是 20～100kPa 的气信号，对于气开阀来说，控制器送来的气压信号越大，阀门的开度也越大，即信号为 20kPa 时，阀全关（开度为 0%），信号为 100kPa 时，阀全开（开度为 100%），气关阀则相反。分程控制系统利用阀门定位器的功能将控制器的输出分成几段，用每段分别控制一个阀门。如通过调整阀门定位器，使 A 阀在 20～60kPa 的信号范围内走完全程，使 B 阀在 60～100kPa 的信号范围内走完全程。

分程控制系统中控制阀的作用方向选择（气开或气关），要根据生产工艺的实际需要来确定。

二、串级控制系统

如果系统中不只采用一个控制器，而且控制器间相互串联，一个控制器的输出作为另一个控制器的给定值，这样的系统称为串级控制系统。

在精馏塔操作中，精馏塔的塔釜温度是保证塔底产品分离纯度的重要依据，如果蒸汽流量频繁波动，将会引起塔釜温度的变化。因此，将温度控制器的输出串接在流量控制器的外设定上，由于出现了信号相串联的形式，所以就称该系统为"温度串级控制系统"。这里需要说明的是二者结合的最终目的是为了稳定主要变量（温度）而引入了一个副变量（流量）所组成的"复杂控制系统"。

串级控制系统的特点：①能迅速地克服进入副回路的扰动；②改善主控制器的被控对象特征；③有利于克服副回路内执行机构等的非线性。

模块五　传质过程操作训练

学习指南

☑ **知识目标**　了解传质过程在化学工业中的应用和不同传质过程的特点；了解常见传质设备的类型、结构、特点及适用范围；了解传质过程的自动控制方案；熟悉不同传质过程的操作原理；掌握典型传质过程的操作要领、常见事故产生原因及事故处理方法。

☑ **能力目标**　能正确理解操作规程并能根据操作规程要求对精馏、吸收、萃取等传质过程实施基本操作和工艺控制；能熟练运用传质基本理论与工程技术观点分析和解决精馏、吸收、萃取等传质操作过程中常见的故障。能对精馏、吸收、萃取等传质设备进行日常维护和保养。

☑ **素质目标**　养成追求知识、严谨治学、勇于创新的科学态度和理论联系实际的思维方式；树立工程技术观念；形成安全生产、节能环保的职业意识和敬业爱岗、严格遵守操作规程的职业操守及团结协作、积极进取的团队合作精神。

化工生产过程中所处理的原料、中间产物、粗产品等几乎都是由若干个组分所组成的混合物，而且其中大部分是均相物系。生产中为了满足贮存、运输、加工和使用的要求，经常要将这些混合物进行分离。

对于均相物系，必须要造成一个两相物系，才能将均相混合物进行分离，并且要根据物系中不同组分间某种物性的差异，使其中某一个组分从一相向另一相转移以达到分离的目的。化学工业中常见的传质过程有蒸馏、吸收、萃取及干燥等单元操作。熟悉这些单元过程的操作对生产合格的化工产品具有重要的意义。

项目一　精馏塔单元

精馏是利用各组分相对挥发度的不同，通过液相和气相间的质量传递来实现液体混合物分离的典型单元操作。

精馏过程在精馏塔中进行。根据塔内气液接触部件的结构形式，精馏塔可分为板式塔和填料塔两类。由于板式塔的空塔速度高，因而生产能力大，塔板效率较高且稳定，造价低，清洗检修方便，工业生产上广泛采用。

板式塔由一个通常呈圆柱形的壳体及其中按一定间距水平设置的若干塔板所组成。塔板的基本功能是为气液两相提供足够大的相际接触面积，使传质传热过程迅速而有效地进行。

精馏过程的主要设备有：精馏塔、再沸器、冷凝器、回流罐和输送设备。精馏塔以进料板为界，上部为精馏段，下部为提馏段。一定温度和压力的料液进入精馏塔后，轻组分在精馏段逐渐浓缩，离开塔顶后全部冷凝进入回流罐，一部分作为塔顶产品，另一部分被送入塔内作为回流液。而重组分在提馏段中浓缩后，一部分作为塔釜产品，一部分则经再沸器加热后送回塔中，为精馏操作提供一定量连续上升的蒸气气流。

一、精馏塔的操作要点

1. 温度控制

要保持精馏塔的平稳操作，物料进料温度，塔顶、塔釜及回流液温度都应严加控制。进料温度变化时，有可能改变进料状态，破坏全塔的热平衡，使塔内气、液分布及热负荷发生改变，从而影响塔的平稳操作和产品质量。进料温度不变，而回流量、回流温度、馏出物数量等发生变化也会破坏塔内热平衡。最灵敏反映热平衡变化的是塔顶温度，塔顶温度主要受塔顶回流液的影响，一般用调节冷却剂的用量和温度的办法，来控制塔顶温度。而塔釜温度可通过调节塔底再沸器的低压蒸汽量来确保塔釜温度的稳定。

2. 压力控制

影响塔压变化的主要有冷却剂的流量、温度，塔顶采出量及不凝气体的积聚等。如塔顶冷凝器超负荷或冷凝效率低，使回流液温度升高，引起压力上升时，应加大冷却水量或降低水温，使回流液温度降低。

3. 回流量控制

一般精馏塔回流比的大小由全塔物料衡算决定。随着塔内温度等条件变化，适当改变回流量可维持塔顶温度平衡，从而调节产品质量。精馏塔适宜的回流比为最小回流比的 1.1～2.0 倍。

二、精馏塔单元仿真操作训练

1. 流程简介

本单元是利用精馏方法，在脱丁烷塔中将丁烷从脱丙烷塔釜混合物中分离出来。本装置中将脱丙烷塔釜混合物部分气化，由于丁烷的沸点较低，即其挥发度较高，故丁烷易于从液相中气化出来，再将气化的蒸气冷凝，可得到丁烷组成高于原料的混合物，经过多次气化冷凝，即可达到分离混合物中丁烷的目的。

温度为 67.8℃脱丙烷塔塔釜混合液（主要有 C_4、C_5、C_6、C_7 等）作为原料，其流量由流量调节器 FIC101 控制为 14056kg/h，从精馏塔 DA405 的第 16 块板进料（全塔共 32 块板）。灵敏板温度由调节器 TC101 通过调节再沸器加热蒸气的流量来控制。塔顶的上升蒸气经冷凝器 EA419 冷凝为液体后进入回流罐 FA408，从而控制丁烷的分离质量。

回流罐液位由液位控制器 LC103 和 FC103 构成的串级回路控制，通过调节塔顶产品采出量来维持恒定。回流罐中的液体一部分作为塔顶产品送下一工序，另一部分液体由回流泵（GA412A/B）抽出送回精馏塔 DA405 塔顶第 32 块塔板作为回流，回流量（9664kg/h）由流量控制器 FC104 控制。

精馏塔的塔釜液的一部分作为产品采出，另一部分经再沸器 EA408A/B 部分汽化回精馏塔。塔釜的液位和塔釜产品采出量由 LC101 和 FC102 组成的串级控制器控制。再沸器采用低压蒸汽加热。塔釜蒸汽缓冲罐（FA414）液位由液位调节器 LC102 通过控制底部采出量来调节。

塔顶压力 PC102 采用分程控制：在正常的压力波动下，通过调节塔顶冷凝器的冷却水量来调节压力，当压力超高时，压力报警系统发出报警信号，PC102 调节塔顶至回流罐的排气量来控制塔顶压力调节气相出料。操作压力 4.25atm（表），高压控制器 PC101 将调节回流罐的气相排放量，来控制塔内压力稳定。冷凝器以冷却水为载热体。

精馏塔带控制点工艺流程图如图 5-1 所示，精馏塔 DCS 图如图 5-2 所示，精馏塔现场图如图 5-3 所示，精馏塔组分分析图如图 5-4 所示。

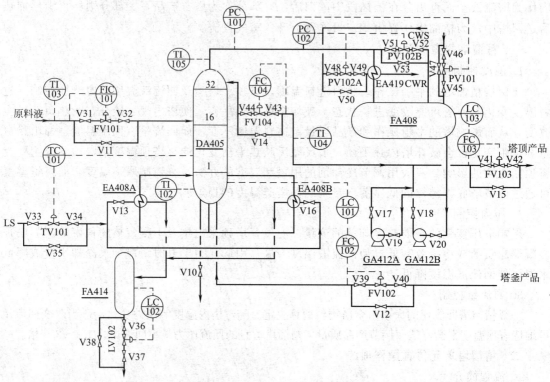

图 5-1 精馏塔带控制点工艺流程图

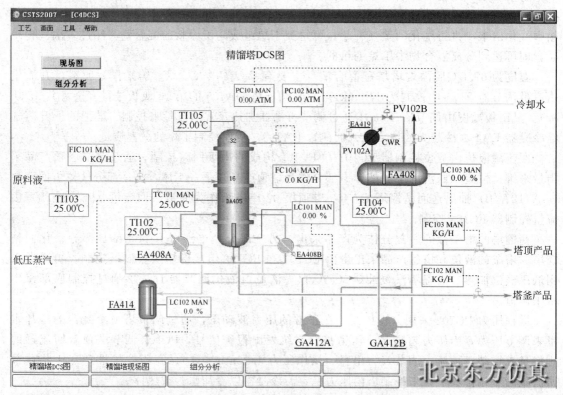

图 5-2 精馏塔 DCS 图

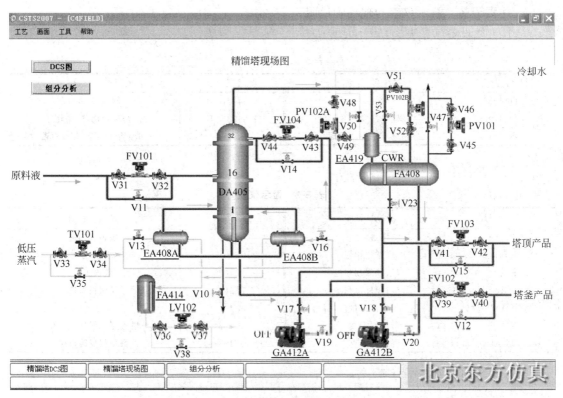

图 5-3 精馏塔现场图

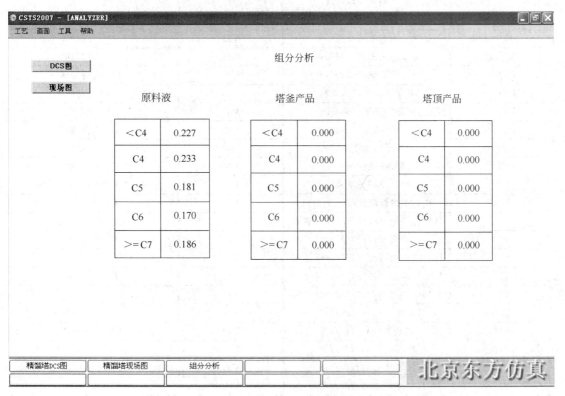

图 5-4 精馏塔组分分析图

2. 主要设备、显示仪表和现场阀说明

（1）主要设备（见表 5-1）

表 5-1 主要设备

设备位号	设备名称	设备位号	设备名称
DA405	精馏塔	GA412A/B	回流泵/备用
EA419	精馏塔塔顶冷凝器	EA408A/B	塔釜再沸器/备用
FA408	精馏塔塔顶回流罐	FA414	精馏塔塔釜蒸汽缓冲罐

（2）显示仪表（见表 5-2）

表 5-2 显示仪表

位号	显示变量	位号	显示变量
FIC101	塔进料量	TI105	塔顶气温度
FC102	塔釜采出量	PC101	塔顶压力
FC103	塔顶采出量	PC102	塔顶压力
FC104	塔顶回流量	TC101	灵敏板温度
TI102	塔釜温度	LC101	塔釜液位
TI103	进料温度	LC102	塔釜蒸汽缓冲罐液位
TI104	回流温度	LC103	塔顶回流罐液位

（3）现场阀（见表 5-3）

表 5-3 现场阀

位号	名称	位号	名称
PV101	放空阀	V32	FV101 后阀
PV102A	冷却水调节阀	V33	TV101 前阀
PV102B	回流罐气相进料调节阀	V34	TV101 后阀
FV101	原料液进口阀	V35	TV101 旁通阀
FV102	塔釜产品排出调节阀	V36	LV102 前阀
FV103	塔顶产品采出调节阀	V37	LV102 后阀
FV104	回流流量调节阀	V38	LV102 旁通阀
TV101	低压蒸汽温度调节阀	V39	FV102 前阀
LV102	缓冲罐液位调节阀	V40	FV102 后阀
V10	DA405 塔釜泄液阀	V41	FV103 前阀
V11	DA405 进料阀 FV101 旁通阀	V42	FV103 后阀
V12	DA405 塔釜出料阀 FV102 旁通阀	V43	FV104 前阀
V13	DA405 塔釜蒸汽进 EA408A 手阀	V44	FV104 后阀
V14	DA405 塔顶回流阀 FV104 旁通阀	V45	PV101 前阀
V15	DA405 塔顶出料阀 FV103 旁通阀	V46	PV101 后阀
V16	DA405 塔顶蒸汽进 EA408B 手阀	V47	PV101 旁通阀
V17	回流泵 GA412A 后阀	V48	PV102A 前阀
V18	回流泵 GA412B 后阀	V49	PV102A 后阀
V19	回流泵 GA412A 前阀	V50	PV102A 旁通阀
V20	回流泵 GA412B 前阀	V51	PV102B 前阀
V23	DA405 塔顶回流罐泄液阀	V52	PV102B 后阀
V31	FV101 前阀	V53	PV102B 旁通阀

任务一　开车操作训练

一、进料及排放不凝气

① 打开 PV102B 前、后阀 V51、V52；

② 打开 PV101 前、后阀 V45、V46；

③ 微开 PV101 排放塔 EA419 内不凝气；

④ 打开 FV101 前、后阀 V31、V32；

⑤ 缓慢打开调节阀 FIC101，直至开度大于 40%，向精馏塔进料；

⑥ 当压力 PC101 升至 0.5atm（表）时，关闭 PV101 阀。

二、启动再沸器

① 打开 PV102A 的前、后阀 V48、V49；

② 当待塔顶压力 PC101 升至 0.5atm（表）后，逐渐打开冷凝水调节阀 PV102A 至开度为 50%；

③ 待塔釜液位 LC101 升至 20% 以上时，全开加热蒸汽入口阀 V13；

④ 打开 TV101 前、后阀 V33、V34；

⑤ 稍开调节阀 TC101，给再沸器缓慢加热；

⑥ 打开 LV102 前、后阀 V36、V37；

⑦ 将蒸汽冷凝水贮罐 FA414 的液位控制阀 LC102 设自动，且设定值为 50%；

⑧ 逐渐开大 TV101 至 50%，使塔釜温度逐渐上升到 100℃，灵敏板温度升至 75℃。

三、建立回流

① 全开回流泵 GA412A 前阀 V19；

② 启动回流泵 GA412A；

③ 打开回流泵 GA412A 后阀 V17；

④ 打开 FV104 前、后阀 V43、V44；

⑤ 调节阀门 FV104 的开度（>40%），维持回流罐液位升到 40% 以上。

四、调节至正常

① 待塔内压力稳定后，将 PC101 设置为自动，设定值为 4.25atm；

② 将 PC102 设置为自动，设定值为 4.25atm；

③ 塔压完全稳定后，将 PC101 值设为 5.0atm；

④ 待进料量稳定在 14056kg/h 后，将 FIC101 设置为自动，设定值为 14056kg/h；

⑤ 通过 TC101 调节再沸器加热量使灵敏板温度 TC101 稳定在 89.3℃，塔釜温度 TI102 稳定在 109.3℃后，将 TC101 投自动；

⑥ 调整调节阀 FV104 的开度至 50%；

⑦ 当 FC104 流量稳定在 9664kg/h 后，将其设为自动，设定值为 9664kg/h；

⑧ 打开 FV102 的前、后阀 V39、V40；

⑨ 当塔釜液位无法维持时（大于 35%），逐渐打开 FV102，采出塔釜产品；

⑩ 当塔釜产品采出量稳定在 7349kg/h 左右时，将 FC102 投自动；值设定为 7349kg/h；

⑪ 将 LC101 投自动，设定值为 50%；

⑫ 将 FC102 设置为串级；

⑬ 打开 FV103 的前、后阀 V41、V42；

⑭ 当回流罐的液位无法维持时，逐渐打开 FV103，采出塔顶产品；

⑮ 当塔顶产出稳定在 6707kg/h 后，将 FC103 设置为自动，设定值为 6707kg/h；

⑯ 将 LC103 投自动，设定值为 50％；

⑰ 将 FC103 设置为串级。

任务二 停车操作训练

一、降负荷

① 逐步关小调节阀 FV101，降低进料至正常进料量的 70％；

② 解除 LC103 和 FC103 的串级，开大 FV103，使液位 LC103 降到 20％；

③ 解除 LC101 和 FC102 的串级，开大 FV102，使液位 LC103 降到 30％。

二、停进料和再沸器

① 关闭调节阀 FV101，停精馏塔进料；

② 关闭 FV101 前、后阀 V31、V32；

③ 关闭调节阀 TV101；

④ 关闭调节阀 TV101 的前、后阀 V33、V34；

⑤ 关闭加热蒸汽阀 V13，停加热蒸汽；

⑥ 关闭调节阀 FV102，停止产品采出；

⑦ 关闭调节阀 FV102 的前、后阀 V39、V40；

⑧ 关闭调节阀 FV103；

⑨ 关闭调节阀 FV103 的前、后阀 V41、V42；

⑩ 打开塔釜泄液阀 V10，排出不合格产品；

⑪ 将调节阀 LC102 改为手动控制。

三、停回流

① 开大 FV104 阀，将回流罐中的液体全部通过回流泵打入塔，以降低塔内温度；

② 当回流罐液位至 0 时，关调节阀 FV104；

③ 关闭 FV104 前后截止阀 V43、V44；

④ 关闭泵出口阀 V17；

⑤ 停泵 GA412A；

⑥ 关闭泵入口阀 V19。

四、降压、降温

① 塔内液体排完后，打开调节阀 PV101 进行降压；

② 当塔压降至常压后，关闭 PV101；

③ 关闭 PV101 的前、后阀 V45、V46；

④ 当灵敏板温度降到 50℃以下，PC102 改为手动控制；

⑤ 关闭阀 PV102A，关闭塔顶冷凝器冷凝水；

⑥ 关闭 PV102A 的前、后阀 V48、V49；

⑦ 当塔釜液位降至零后，关闭泄液阀 V10。

任务三 正常运营管理及事故处理操作训练

一、正常操作

熟悉工艺流程，密切注意各工艺参数的变化，维持各工艺参数稳定。正常操作下工艺参数如表 5-4 所示。

表 5-4 正常操作工艺参数

位 号	正 常 值	单 位	位 号	正 常 值	单 位
FIC101	14056	kg/h	PC101	5.0	atm
FC102	7349	kg/h	TC101	89.3	℃
FC103	6707	kg/h	LC101	50	%
FC104	9664	kg/h	LC102	50	%
PC102	4.25	atm	LC103	50	%

① 质量调节　本系统的质量调节采用以提馏段灵敏板温度作为主参数，以再沸器和加热蒸汽流量为副参数的调节系统，以实现对塔的分离质量控制。

② 压力控制　在正常的压力情况下，由塔顶冷凝器的冷却水量来调节压力，当压力高于操作压力 4.25atm（表压）时，压力报警系统发出报警信号，同时调节器 PC101 将调节回流罐的气相出料，为了保持同气相出料的相对平衡，该系统采用压力分程调节。

③ 液位调节　塔釜液位由调节塔釜的产品采出量来维持恒定，并设有高低液位报警。回流罐液位则由调节塔顶产品采出量来维持恒定，也设有高低液位报警。

① 流量调节　进料量和回流量都采用单回路的流量控制，再沸器加热介质流量，由灵敏板温度调节。

二、事故处理

出现突发事故时，应先分析事故产生的原因，并及时做出正确的处理（见表 5-5）。

表 5-5 事故处理

事 故 名 称	主 要 现 象	处 理 方 法
加热蒸汽压力过高	①加热蒸汽流量增大 ②塔釜温度持续上升	①将 TC101 改为手动调节 ②减小调节阀 TV101 的开度 ③待温度稳定后,将 TC101 改为自动调节,温度设定为 89.3℃
加热蒸汽压力过低	①加热蒸汽流量减小 ②塔釜温度持续下降	①将 TC101 改为手动调节 ②增大调节阀 TV101 的开度 ③待温度稳定后,将 TC101 改为自动调节,温度设定为 89.3℃
冷凝水中断	①塔顶温度上升 ②塔顶压力升高	①将 PC101 改为手动控制 ②打开回流罐放空阀 PV101 保压 ③将 FIC101 改为手动控制 ④关闭 FIC101 停止进料 ⑤关闭 FV101 前、后阀 V31、V32 ⑥将 TC101 改为手动控制 ⑦关闭 TV101 停止加热蒸汽 ⑧关闭 TV101 前、后阀 V33、V34 ⑨将 FC102 改为手动控制 ⑩关闭 FV102,停止产品采出

事故名称	主要现象	处理方法
冷凝水中断	①塔顶温度上升 ②塔顶压力升高	⑪关闭 FV102 的前、后阀 V39、V40 ⑫将 FC103 改为手动控制 ⑬关闭 FV103，停止产品采出 ⑭关闭 FV103 的前、后阀 V41、V42 ⑮打开塔釜泄液阀 V10 排出不合格产品 ⑯将 LC102 改为手动控制 ⑰打开 LV102，对 FA414 泄液 ⑱当回流罐液位为零，关闭 V23 ⑲关闭回流泵 GA412A 出口阀 V17 ⑳停泵 GA412 ㉑关回流泵前阀 V19 ㉒当塔釜液位为零时，关闭 V10 ㉓当塔顶压力降至常压，关闭冷凝器 ㉔关闭 PV102A 前、后阀 V48、V49
停电	回流泵 GA412A 停止，回流中断	①将 PC101 改为手动控制 ②打开回流罐放空阀 PV101 保压 ③将 FIC101 改为手动控制 ④关闭 FV101 停止进料 ⑤关闭 FV101 前、后阀 V31、V32 ⑥将 TC101 改为手动控制 ⑦关闭 TV101 停止加热蒸汽 ⑧关闭 TV101 前、后阀 V33、V34 ⑨将 FC102 改为手动控制 ⑩关闭 FV102，停止产品采出 ⑪关闭 FV102 的前、后阀 V39、V40 ⑫将 FC103 改为手动控制 ⑬关闭 FV103，停止产品采出 ⑭关闭 FV103 的前、后阀 V41、V42 ⑮打开塔釜泄液阀 V10 排出不合格产品 ⑯将 LC102 改为手动控制 ⑰打开 LC102，对 FA414 泄液 ⑱当回流罐液位为零时，关闭 V23 ⑲关闭回流泵 GA412A 出口阀 V17 ⑳停泵 GA412 ㉑关回流泵入口阀 V19 ㉒当塔釜液位为零时，关闭 V10 ㉓当塔顶压力降至常压，关闭冷凝器 ㉔关闭 PV102A 前、后阀 V48、V49
回流泵 GA412A 故障	①回流中断 ②塔顶温度、压力上升	①开备用泵入口阀 V20 ②启动备用泵 GA412B ③开备用泵出口阀 V18 ④关泵 GA412A 后阀 V17 ⑤停泵 GA412A ⑥关泵 GA412A 前阀 V19
回流量调节阀 FV104 阀卡	回流量无法调节	①将 FC104 改为手动控制 ②关闭 FV104 前阀 V43 ③关闭 FV104 后阀 V44 ④打开旁通阀 V14，保持回流

事 故 名 称	主 要 现 象	处 理 方 法
停蒸汽	①加热蒸汽流量降为零 ②塔釜温度持续下降	①将 PC101 改为手动控制 ②打开回流罐放空阀 PV101 保压 ③将 FIC101 改为手动控制 ④关闭 FV101 停止进料 ⑤关闭 FV101 前、后阀 V31、V32 ⑥将 TC101 改为手动控制 ⑦关闭 TV101 停止加热蒸汽 ⑧关闭 TV101 前、后 V33、V34 ⑨将 FC102 改为手动控制 ⑩关闭 FV102,停止产品采出 ⑪关闭 FV102 的前、后阀 V39、V40 ⑫将 FC103 改为手动控制 ⑬关闭 FV103,停止产品采出 ⑭关闭 FV103 的前、后阀 V41、V42 ⑮打开塔釜泄液阀 V10 排出不合格产品 ⑯将 LC102 改为手动控制 ⑰打开 LV102,对 FA414 泄液 ⑱当回流罐液位为零时,关闭 V23 ⑲关闭回流泵 GA412A 后阀 V17 ⑳停泵 GA412 ㉑关回流泵前阀 V19 ㉒当塔釜液位为零,关闭 V10 ㉓当塔顶压力降至常压,关闭冷凝器 ㉔关闭 PV102A 前、后阀 V48、V49
塔釜出料调 节阀 FV102 卡	①塔釜液位持续上升 ②塔釜出料流量迅速 减小	①将 FC102 改为手动控制 ②关闭 FV102 前阀 V39 ③关闭 FV102 后阀 V40 ④打开 FV102 旁通阀 V12,维持塔釜液位 50%
再沸器严重 结垢	灵敏板温度下降	①打开备用再沸器 EA408B 蒸汽入口阀 V16,控制灵敏板的温度 TC101 为 89.3℃ ②关闭再沸器 EA408A 蒸汽入口阀 V13
仪表风停	①阀门流量仪表指示值 迅速降为零 ②塔顶压力下降 ③灵敏板温度下降	①打开 FV101 的旁通阀 V11 ②打开 TV101 的旁通阀 V35 ③打开 LV102 的旁通阀 V38 ④打开 FV102 的旁通阀 V12 ⑤打开 PV102A 的旁通阀 V50 ⑥打开 FV104 的旁通阀 V14 ⑦打开 FV103 的旁通阀 V15 ⑧关闭气闭阀 PV102A 的前截止阀 V48 ⑨关闭气闭阀 PV102A 的后截止阀 V49 ⑩关闭气闭阀 PV101 的前阀 V45 ⑪关闭气闭阀 PV101 的后阀 V46 ⑫调节旁通阀使 PI101 为 4.25atm ⑬调节旁通阀使 FA408 液位 LC103 为 50% ⑭调节旁通阀使精馏塔液位 LC101 为 50% ⑮调节旁通阀使 FA414 液位 LC102 为 50% ⑯调节旁通阀使灵敏板的温度 TC101 为 89.3℃ ⑰调节旁通阀使精馏塔进料 FIC101 为 14054kg/h ⑱调节旁通阀使精馏塔回流流量 FC104 为 9664kg/h

续表

事故名称	主要现象	处理方法
进料压力突然增大	①原料液进料流量持续增加 ②釜内温度下降 ③塔釜液位升高	①将 FIC101 改为手动控制 ②调节 FV101，使原料液进料量 FIC101 稳定在 14054kg/h 左右 ③将 FIC101 投自动，设定值为 14054kg/h
再沸器积水	①灵敏板温度下降 ②FA414 液位迅速增加到 100% ③塔釜液位增加	①调节 LV102，降低 FA414 液位，使 FA414 液位维持在 50% 左右 ②将 LC102 投自动，设定值为 50% ③控制灵敏板的温度 TC101 为 89.3℃
回流罐液位超高	①回流罐液位 LC103 大于 50% ②FV104 流量变小	①将 FC103 改为手动控制 ②开大 FV102 阀 ③打开泵 GA412B 前阀 V20，开度为 50% ④启动泵 GA412B ⑤打开泵 GA412B 后阀 V18，开度为 50% ⑥将 FC104 改为手动控制 ⑦不断调节 FV104，使 FC104 流量稳定在 9664kg/h，将 FV104 投自动 ⑧当 FA408 液位接近正常值时，关闭泵 GA412B 后阀 V18 ⑨关闭泵 GA412B ⑩关闭泵 GA412B 前阀 V20 ⑪不断调节 FV103，使回流罐液位 LC103 维持在 50% ⑫待 LC103 稳定在 50% 后，将 FC103 投串级
塔釜轻组分含量偏高	①FV104 流量变小 ②塔釜轻组分含量大于 0.002	①手动调节回流阀 FV104 ②当回流流量稳定在 9664kg/h 时，将 FC104 投自动，设定值为 9664kg/h ③控制塔釜轻组分含量小于 0.002
原料液进料阀 FV101 阀卡	①FC101 流量迅速降为零 ②塔釜液位不断下降	①将 FC101 改成手动控制 ②关闭 FV101 前、后阀 V31、V32 ③打开 FV101 旁通阀 V11，控制原料液流量在 14054kg/h，维持塔釜液位在 50%

思考题

1. 什么叫蒸馏？在化工生产中分离什么样的混合物？蒸馏和精馏的关系是什么？

2. 精馏包括哪些主要设备？

3. 什么是回流比？回流比有什么作用？

4. 当系统在一较高负荷突然出现大的波动、不稳定，为什么要将系统降到一低负荷的稳态，再重新开到高负荷？

5. 根据本单元的实际，结合精馏操作的原理，说明回流比的作用。

6. 若精馏塔灵敏板温度过高或过低，则意味着分离效果如何？应通过改变哪些变量来调节至正常？

7. 试简述本流程是如何通过分程控制来调节精馏塔正常操作压力的。

8. 何为串级控制？

项目二　吸收与解吸单元

溶解在吸收剂中的溶质和在气相中的溶质存在溶解平衡，当溶质在吸收剂中达到溶解平衡时，溶质在气相中的分压称为该组分在该吸收剂中的饱和蒸气压。当溶质在气相中的分压大于该组分的饱和蒸气压时，溶质就从气相溶入溶质中，称为吸收过程。吸收是利用气体混合物中各个组分在吸收剂中的溶解度不同，来分离气体混合物的过程。要进行分离的含有溶质的气体称为富气，不被吸收的气体称为贫气或惰性气体。不含溶质的吸收剂称为贫液，富含溶质的吸收剂称为富液。当溶质在气相中的分压小于该组分的饱和蒸气压时，溶质就从液相逸出到气相中，称为解吸过程。解吸是吸收过程的逆过程。

吸收解吸是化工生产过程中用于分离提取混合气体组分的单元操作。提高压力、降低温度有利于溶质吸收；降低压力、提高温度有利于溶质解吸。

吸收解吸过程通常在填料塔中进行。填料塔是以塔内的填料作为气液两相间接触构件的传质设备。填料塔的塔身是一直立式圆筒，底部装有填料支承板，填料以乱堆或整砌的方式放置在支承板上。填料的上方安装填料压板，以防被上升气流吹动。液体从塔顶经液体分布器喷淋到填料上，并沿填料表面流下。气体从塔底送入，经气体分布装置（小直径塔一般不设气体分布装置）分布后，与液体呈逆流连续通过填料层的空隙，在填料表面上，气液两相密切接触进行传质。填料塔属于连续接触式气液传质设备，两相组成沿塔高连续变化，在正常操作状态下，气相为连续相，液相为分散相。填料塔具有生产能力大、分离效率高、压降小、持液量小、操作弹性大等优点。填料塔的不足之处在于填料造价高；当液体负荷较小时不能有效地润湿填料表面，导致传质效率降低；不能直接用于有悬浮物或容易聚合的物料等。

一、吸收塔与解吸塔的操作要点

1. 吸收塔

① 原料进气量的调节　原料进气量由上一工段送来的，一般不宜随意变动。如果在吸收塔前有缓冲气柜，可允许在短时间内作幅度不大的调节，通过开大或关小进气管线上的调节阀来调节进气量。控制原料进气量，是稳定填料吸收塔操作的一个重要措施。

② 吸收剂流量的调节　操作中发现吸收塔中尾气的浓度增加，应开大阀门，增大吸收剂用量。但吸收剂用量增加，使吸收剂的消耗和回收费用也会相应增加。

③ 吸收剂的温度的调节　吸收剂的温度越低，气体的溶解度越大，有利于提高吸收率。吸收剂的温度可通过调节冷却剂用量来调节。但温度过低，会使冷剂消耗量增加，而且液体温度过低，会造成输送液体黏度增大，输送液体的能量消耗增加，严重的会使流体在塔内流动不畅，造成操作困难。

④ 吸收塔塔压的维持　在日常操作中，塔的压力是由压缩机及吸收前各个设备的压降所决定的。多数情况下，塔的压力很少是可调的，在操作时应注意，防止其降低。

⑤ 塔底液位的维持　液位是吸收塔操作中，能否维持吸收塔稳定操作的关键因素。液位可用液体出口阀来控制。液位过高，开大阀门，反之应关小阀门。

2. 解吸塔

解吸塔操作的温度、压力的选择正好与吸收操作相反，高温、低压有利于溶质的解吸。吸收率的高低除受吸收塔操作影响外，还与解吸塔的操作有关。吸收剂是来自解吸塔的再生液，解吸不好，必然会导致入塔吸收剂浓度增大，降低吸收率。而且入塔吸收剂的温度也受解吸操作的影响，如再生液冷却不好将使吸收剂入塔温度升高，从而影响吸收塔的操作。所以应根据对再生液浓度及温度的要求控制解吸塔的操作条件。

二、吸收与解吸单元仿真操作实训

1. 流程简介

本工艺是以 C_6 油为吸收剂来分离气体混合物（其中 C_4 25.13%，CO 和 CO_2 6.26%，N_2 64.58%，H_2 3.5%，O_2 0.53%）中的 C_4 组分（吸收质）的过程。

从界区外来的富气从底部进入吸收塔 T101。界区外来的纯 C_6 油吸收剂贮存于 C_6 油贮罐 D101 中，由 C_6 油泵 P101A/B 送入吸收塔 T101 的顶部，C_6 流量由 FRC103 控制。吸收剂 C_6 油在吸收塔 T101 中自上而下与富气逆向接触，富气中 C_4 组分被溶解在 C_6 油中。不溶解的贫气自 T101 顶部排出，经盐水冷却器 E101 被 $-4℃$ 的盐水冷却至 $2℃$ 进入尾气分离罐 D102。吸收了 C_4 组分的富油（C_4 8.2%，C_6 91.8%）从吸收塔底部排出，经贫富油换热器 E103 预热至 $80℃$ 进入解吸塔 T102。由 LIC101 和 FIC104 通过串级控制调节塔釜富油采出量来实现对吸收塔塔釜液位的控制。

来自吸收塔顶部的贫气在尾气分离罐 D102 中回收冷凝的 C_4、C_6 后，不凝气在 D102 压力控制器 PIC103 [1.2MPa（表）] 控制下排入放空总管进入大气。回收的冷凝液（C_4，C_6）与吸收塔釜排出的富油一起进入解吸塔 T102。

预热后的富油进入解吸塔 T102 进行解吸分离。塔顶气相出料（C_4 95%）经全冷器 E104 换热降温至 $40℃$ 全部冷凝进入塔顶回流罐 D103，其中一部分冷凝液由 P102A/B 泵打回流至解吸塔顶部，回流量 8.0t/h，其他部分作为 C_4 产品由 P102A/B 泵抽出。塔釜 C_6 油经贫富油换热器 E103 和盐水冷却器 E102 降温至 $5℃$ 后返回至 C_6 油贮罐 D101 再利用，返回的 C_6 油的温度由温度控制器 TIC103 通过调节 E102 循环冷却水流量控制。

T102 塔釜温度由 TIC104 和 FIC108 通过调节塔釜再沸器 E105 的蒸汽流量串级控制，

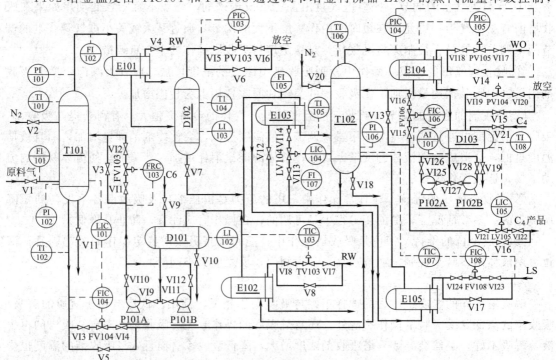

图 5-5 吸收与解吸岗位带控制点工艺流程图

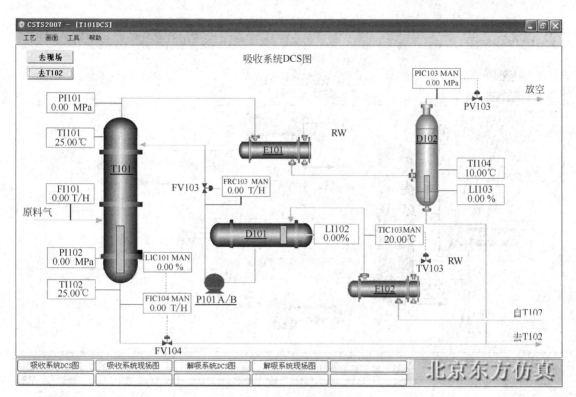

图 5-6　吸收系统 DCS 图

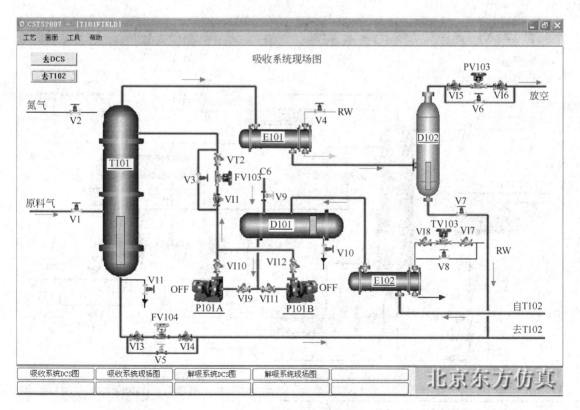

图 5-7　吸收系统现场图

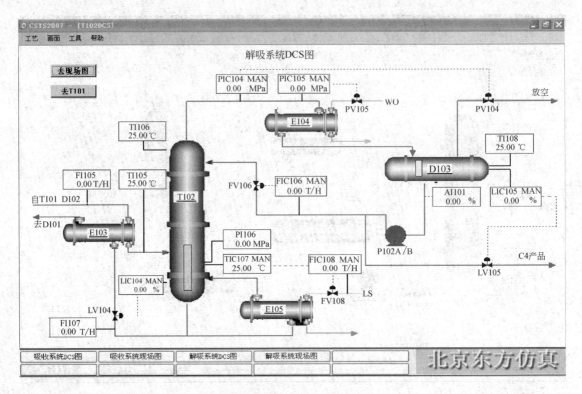

图 5-8 解吸系统 DCS 图

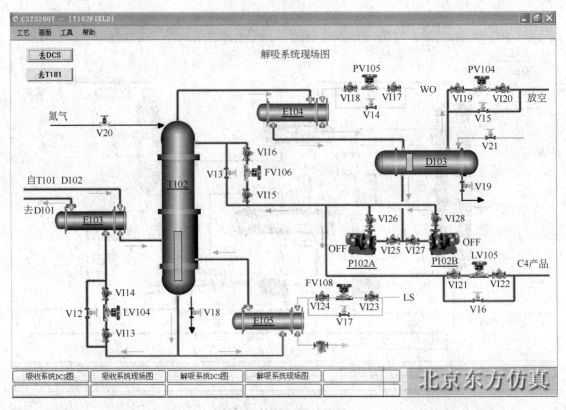

图 5-9 解吸系统现场图

控制温度为 102℃。塔顶压力由 PIC105 通过调节塔顶冷凝器 E104 的冷却水流量来控制，另设有一塔顶压力保护控制器 PIC104，在塔顶凝气压力过高时可通过调节 D103 的放空量来降压。

因为塔顶 C_4 产品中含有部分 C_6 油及其他 C_6 油损失，所以随着生产的进行，要定期观察 C_6 油贮罐 D101 的液位，补充新鲜 C_6 油。

吸收与解吸带控制点工艺流程图如图 5-5 所示，吸收系统 DCS 图如图 5-6 所示，吸收系统现场图如图 5-7 所示，解吸系统 DCS 图如图 5-8 所示，解吸系统现场图如图 5-9 所示。

2. 主要设备、显示仪表和现场阀说明

（1）主要设备（见表 5-6）

表 5-6 主要设备

设备位号	设备名称	设备位号	设备名称
T101	吸收塔	P102A/B	解吸塔顶回流、塔顶产品采出泵
D101	C_6 油贮罐	T102	解吸塔
D102	气液分离罐	D103	解吸塔顶回流罐
E101	吸收塔顶冷凝器	E103	贫富油换热器
E102	循环油冷却器	E104	解吸塔顶冷凝器
P101A/B	C_6 油供给泵	E105	解吸塔釜再沸器

（2）显示仪表（见表 5-7）

表 5-7 显示仪表

位号	说明	位号	说明
AI101	回流罐 C_4 组分	PI101	吸收塔塔顶压力显示
FI101	T101 进料	PI102	吸收塔塔底压力显示
FI102	T101 塔顶气量	PIC103	吸收塔塔顶压力控制
FRC103	吸收油流量控制	PIC104	解吸塔顶压力控制
FIC104	富油流量控制	PIC105	解吸塔塔顶压力控制
FI105	T102 进料	PI106	解吸塔塔底压力显示
FIC106	回流量控制	TI101	吸收塔塔顶温度显示
FI107	T101 塔底贫油采出	TI102	吸收塔塔底温度显示
FIC108	加热蒸汽量控制	TIC103	循环油温度控制
LIC101	吸收塔液位控制	TI104	C_4 回收罐温度显示
LI102	D101 液位	TI105	预热后温度显示
LI103	D102 液位	TI106	吸收塔塔顶温度显示
LIC104	解吸塔塔釜液位控制	TIC107	解吸塔塔釜温度控制
LIC105	回流罐液位控制	TI108	回流罐温度显示

（3）现场阀（见表 5-8）

表 5-8 现场阀

位号	说明	位号	说明
FV103	吸收油流量调节阀	VI13	LV104 前阀
FV104	富油流量调节阀	VI14	LV104 后阀
FV106	解吸塔回流量调节阀	VI7	TV103 前阀
FV108	解吸塔加热蒸汽量调节阀	VI8	TV103 后阀
LV104	解吸塔液位调节阀	VI17	FV105 前阀
LV105	回流罐 D103 液位调节阀	VI18	FV105 后阀
PV103	吸收塔塔顶压力调节阀	VI23	FV108 前阀
PV104	解吸塔塔顶压力调节阀	VI24	FV108 后阀
PV105	解吸塔塔顶压力调节阀	V1	富气进料阀
TV103	循环油温度调节阀	V3	FV103 旁通阀
V2	吸收系统氮气充压阀	V4	F101 冷却水阀
V20	解吸系统氮气充压阀	V5	FV104 旁通阀
V9	D101 引油阀	V6	PV103 旁通阀
VI9	P101A 前阀	V7	D102 排液阀
VI10	P101A 后阀	V8	TV103 旁通阀
VI1	FV103 前阀	V10	D101 排液阀
VI2	FV103 后阀	V11	T101 排液阀
VI3	FV104 前阀	V12	LV104 旁通阀
VI4	FV104 后阀	V13	FV106 旁通阀
VI21	LV105 前阀	V14	PV105 旁通阀
VI22	LV105 后阀	V15	PV104 旁通阀

任务一 开车操作训练

一、氮气充压

① 打开氮气充压阀 V2，给吸收段系统充压；

② 当吸收塔系统压力 PI101 升至 1.0MPa 左右时，关闭氮气充压阀 V2；

③ 打开氮气充压阀 V20，给解吸塔系统充压；

④ 当解吸塔系统压力 PIC104 升至 0.5MPa 左右时，关闭 V20 阀。

二、吸收塔进吸收油

① 打开引油阀 V9 至开度 50％左右，给 C_6 油贮罐 D101 充 C_6 油；

② 贮罐 D101 液位至 50％以上后，关闭阀 V9；

③ 打开泵 P101A 的前阀 VI9；

④ 启动 P101A；

⑤ 打开泵 P101A 的后阀 VI10；

⑥ 打开调节器 FV103 前、后阀 VI1、VI2；

⑦ 打开调节阀 FV103（开度为 30％左右）给吸收塔 T101 进 C_6 油。

三、解吸塔进吸收油

① 当 T101 液位 LIC101 升至 50％以上后，打开调节阀 FV104 前阀 VI3；

② 打开调节阀 FV104 后阀 VI4；

③ 打开调节阀 FV104 至开度为 50％；

④ 调节 FV103、FV104 的阀门开度，使 T101 液位在 50％左右。

四、C_6 油冷循环

① 打开调节阀 LV104 前阀 VI13；

② 打开调节阀 LV104 前阀 VI14；

③ 逐渐打开调节阀 LV104，向 D101 倒油；

④ 调节 FV104 以保持 T101 液位在 50％左右；

⑤ 将 LIC104 投自动，设定值为 50％；

⑥ 将 LIC101 投自动，设定值为 50％；

⑦ 调节 FV103，使其流量 FRC103 稳定在 13.50t/h 左右；

⑧ 将 FRC103 投自动，设定值为 13.50t/h。

五、向D103进C₄物料

① 打开阀 V21，向 D103 灌 C_4 至液位 LI105 在 40％以上；

② 关闭阀 V21。

六、T102再沸器投用

① D103 液位大于 40％后，打开调节阀 TV103 前阀 VI7；

② 打开调节阀 TV103 的后阀 VI8；

③ 将 TIC103 投自动，设定值为 5℃；

④ 打开调节阀 PV105 的前阀 VI17；

⑤ 打开调节阀 PV105 的后阀 VI18；

⑥ 打开调节阀 PV105 至开度 70％；

⑦ 打开调节阀 FV108 的前阀 VI23；

⑧ 打开调节阀 FV108 的后阀 VI24；

⑨ 打开调节阀 FV108 开度至 50％；

⑩ 打开 PV104 的前阀 VI19；

⑪ 打开 PV104 的后阀 VI20；

⑫ 调节 PV104 开度，控制塔压 PIC105 在 0.5MPa。

七、T102回流的建立

① 当塔顶温度 TI106 高于 45℃时，打开 P102A 泵的前阀 VI25；

② 启动泵 P102A；

③ 打开泵 P102A 的后阀 VI26；

④ 打开调节阀 FV106 的前阀 VI15；

⑤ 打开调节阀 FV106 的后阀 VI16；

⑥ 手动调节 FV106 至合适开度（流量＞2t/h），维持塔顶温度高于 51℃；

⑦ 塔顶温度高于 51℃后，控制温度稳定在 55℃；

⑧ 当 TIC107 温度指示达到 102℃时，将 TIC107 投自动，值设定在 102℃；

⑨ 将 FIC108 投串级。

八、进富气

① 打开阀 V4，启用冷凝器 E101；

② 逐渐打开富气进料阀 V1，开始富气进料；

③ 打开 PV103 的前阀 VI5；

④ 打开 PV103 的后阀 VI6；

⑤ 手动调节 PV103 使压力恒定在 1.2MPa（表）；

⑥ 当富气进料达到正常值后，设定 PIC103 于 1.2MPa（表），投自动；

⑦ 手动调节 PV105 阀（还可以同时调节 PV104），维持塔压 PIC105 稳定在 0.5MPa（表）；

⑧ 将 PIC105 投自动，设定值为 0.5MPa；

⑨ 将 PIC104 投自动，设定值为 0.55MPa；

⑩ 当 T102 温度、压力稳定后，手动调节 FV106 使回流量达到正常值 8.0t/h，将 FIC106 投自动，设定值为 8.0t/h；

⑪ 观察 D103 液位 LI105 高于 50% 后，打开 LV105 的前阀 VI21；

⑫ 打开 LV105 的后阀 VI22；

⑬ 手动调节 LV105 维持回流罐液位稳定在 50%；

⑭ 将 LIC105 投自动，设定值为 50%。

任务二 停车操作训练

一、停富气进料和 C_4 产品出料

① 关富气进料阀 V1；

② 将调节器 LIC105 置手动；

③ 并闭调节阀 LV105；

④ 关闭 LV105 阀的前阀 VI21；

⑤ 关闭 LV105 阀的后阀 VI22；

⑥ 将压力控制器 PIC103 改为手动控制；

⑦ 手动调节 PV103，维持吸收塔 T101 压力不小于 1.0MPa；

⑧ 将压力控制器 PIC104 改为手动控制；

⑨ 手动调节 PV108，维持解吸塔 T102 压力在 0.2MPa 左右。

二、停 C_6 油进料

① 关闭 P101A 泵的出口阀 VI10；

② 关闭 P101A 泵；

③ 关闭 P101A 泵的入口阀 VI9；

④ 关闭 FV103 前、后阀 VI2，VI1；

⑤ 关闭 FV103 阀；

⑥ 关闭 FV103 阀的前阀 VI1；

⑦ 关闭 FV103 阀的后阀 VI2；

⑧ 维持吸收塔 T101 压力不小于 1.0MPa，如果压力太低，可打开 V2 充压。

三、吸收塔泄油

① 将 FIC104 解除串级，LIC101 改成手动控制；

② FV104 开度保持 50%，向 T102 泄油；

③ 当 LIC101 液位降至零时，关闭 FV104；

④ 关闭 FV104 的前阀 VI3；

⑤ 关闭 FV104 的后阀 VI4；

⑥ 打开阀 V7（开度＞10%），将 D102 中的冷凝液排至 T102 中；

⑦ 当 D102 液位指示降至零时，关 V7 阀；

⑧ 关 V4 阀，中断冷却盐水，停 E101；

⑨ 手动打开 PV103（开度＞10％），吸收塔系统泄压；

⑩ 当 PI101 为零 0 时，关闭 PV103；

⑪ 关闭 PV103 的前阀 VI5；

⑫ 关闭 PV103 的后阀 VI6。

四、解吸塔T102降温

① 将 TIC107 改为手动控制；

② 将 FIC108 改为手动控制；

③ 关闭 E105 蒸汽阀 FV108；

④ 关闭 E105 蒸汽阀 FV108 的前阀 VI23；

⑤ 关闭 E105 蒸汽阀 FV108 的后阀 VI24，停再沸器 E105；

⑥ 手动调节 PV105 和 PV104，保持解吸塔压力为 0.2MPa。

五、停解吸塔T102回流

① 当 D103 液位 LIC105 指示小于 10％时，停回流泵 P102A 后阀 VI26；

② 停泵 P102A；

③ 关闭 P102A 前阀 VI25；

④ 手动关闭 FV106；

⑤ 关闭 FV106 的后阀 VI16；

⑥ 关闭 FV106 的前阀 VI15；

⑦ 打开 D103 泄液阀 V19（开度为 10％）；

⑧ 当 D103 液位指示下降至零时，关 V19 阀。

六、解吸塔T102泄油

① 将 LV104 改为手动控制；

② 调节 LV104 开度为 50％，将 T102 中的油倒入 D101；

③ 当 T102 液位 LIC104 指示下降至 10％时，关闭 LV104 阀；

④ 关闭 LV104 的前阀 VI13；

⑤ 关闭 LV104 的后阀 VI14；

⑥ 将 TIC103 改为手动控制；

⑦ 关闭调节阀 TV103；

⑧ 关闭调节阀 TV103 的前阀 VI7；

⑨ 关闭调节阀 TV103 的后阀 VI8；

⑩ 打开 T102 泄油阀 V18（开度＞10％）；

⑪ T102 液位 LIC104 下降至零时，关 V18。

七、解吸塔T102泄压

① 手动打开 PV104 至开度 50％，T102 系统泄压；

② 当 T102 系统压力降至常压时，关闭 PV104。

任务三 正常运营管理及事故处理操作训练

一、正常操作

熟悉工艺流程，密切注意各工艺参数的变化，维持各工艺参数稳定。正常操作下工艺参数如表 5-9 所示。

表 5-9　正常操作工艺参数

位号	正常值	单位	位号	正常值	单位
PIC104	0.55	MPa	LIC105	50	%
FRC103	13.5	t/h	PIC103	1.20	MPa
FIC104	14.7	t/h	TIC103	5.0	℃
FIC106	8.0	t/h	PIC105	0.50	MPa
FIC108	3.0	t/h	TI106	51.0	℃
LIC101	50	%	TIC107	102.0	℃
LIC104	50	%			

在正常运行过程中，要注意以下几点。

① 补充新油　由于塔顶 C_4 产品中含有部分 C_6 油及其他 C_6 油损失，所以要定期观察 C_6 油贮罐 D101 的液位，当液位低于 30% 时，打开阀 V9 补充新鲜的 C_6 油。

② D102 排液　由于生产过程中贫气中少量 C_4 和 C_6 组分会积累于尾气分离罐 D102 中，因此应定期观察 D102 的液位，当液位高于 70% 时，打开阀 V7 将凝液排放至解吸塔 T102 中。

③ T102 塔压控制　正常情况下 T102 的压力由 PIC105 通过调节 E104 的冷却水流量控制。由于生产过程中会有少量不凝气积累于回流罐 D103 中使解吸塔系统压力升高，这时 T102 顶部压力超高保护控制器 PIC104 会自动控制排放不凝气，维持压力不会超高，必要时可手动打开 PV104 阀至适当开度来调节压力。

二、事故处理

出现突发事故时，应先分析事故产生的原因，并及时做出正确的处理（见表 5-10）。

表 5-10　事故处理

事故名称	主要现象	处理办法
冷却水中断	①冷却水流量为零 ②入口管路各阀门处于常开状态 ③解吸塔塔顶压力升高	①手动打开 PV104 保压 ②关闭 FV108,停用再沸器 ③关闭阀 V1 ④关闭 PV105 ⑤关闭 PV105 的前阀 VI17 ⑥关闭 PV105 的后阀 VI18 ⑦手动关闭 PV103 保压 ⑧手动关闭 FV104 停止向解吸塔进料 ⑨关闭 LV105,停出产品 ⑩关闭 FV103 ⑪关闭 LV104 保持 T101、T102、D101、D102 的液位
加热蒸汽中断	①加热蒸汽管路各阀门开度正常 ②加热蒸汽入口流量为零 ③塔釜温度急剧下降	①关 V1 阀,停止进料 ②关闭 FV106,停吸收解吸塔回流 ③关闭 LV105,停产品采出 ④关闭 FV104,停止向解吸塔进料 ⑤关闭 PV103 保压 ⑥关闭 LV104 保持液位 ⑦关闭 FV108 ⑧关闭 FV108 的前阀 VI23 ⑨关闭 FV108 的后阀 VI24

续表

事故名称	主要现象	处 理 办 法
仪表风中断	各调节阀全开或全关	①打开 FRC103 旁通阀 V3 ②打开 FV104 旁通阀 V5 ③打开 PV103 旁通阀 V6 ④打开 TV103 旁通阀 V8 ⑤打开 LV104 旁通阀 V12 ⑥打开 FV106 旁通阀 V13 ⑦打开 PV105 旁通阀 V14 ⑧打开 PV104 旁通阀 V15 ⑨打开 LV105 旁通阀 V16 ⑩打开 FV108 旁通阀 V17
停电	①泵 P101A/B 停 ②泵 P102A/B 停	①打开泄液阀 V10,保持 LI102 液位在 50% 左右 ②打开泄液阀 V19,保持 LI105 液位在 50% 左右 ③停止进料,关 V1 阀
P101A 泵坏	①FRC103 流量降为零 ②塔顶 C_4 上升,温度上升,塔顶压上升 ③吸收塔塔釜液位下降	①关闭 P101A 泵的后阀 VI10 ②关泵 P101A ③关闭 P101A 泵的前阀 VI9 ④打开 P101B 泵的前阀 VI11 ⑤开启泵 P101B ⑥打开 P101B 泵的后阀 VI12
LV104 调节阀卡	①FI107 降至零 ②塔釜液位上升,并可能报警	①关闭 LV104 的前阀 VI13 ②关闭 LV104 的后阀 VI14 ③开 LV104 旁通阀 V12 至 60% 左右 ④调整旁通阀 V12 开度,使液位保持 50%
再沸器 E105 结垢严重	①调节阀 FV108 开度增大 ②加热蒸汽入口流量增大 ③塔釜温度下降,塔顶温度也下降,塔釜 C_4 组成上升	①关闭富气进料阀 V1 ②将调节器 LIC105 改为手动控制 ③关闭调节阀 LV105 ④关闭调节阀 LV105 的后阀 VI21 ⑤关闭调节阀 LV105 的前阀 VI22 ⑥将压力控制器 PIC103 改为手动控制 ⑦调节 PV103 阀门开度,维持 T101 压力不小于 1.01MPa ⑧将压力控制器 PIC104 改为手动控制 ⑨调节 PV104 阀门开度,维持解吸塔 T102 压力在 0.2MPa 左右 ⑩关闭泵 P101A 的出口阀 VI10 ⑪关闭泵 P101A ⑫关闭泵 P101A 的入口阀 VI9 ⑬关闭 FV103 的后阀 VI2 ⑭关闭 FV103 的前阀 VI1 ⑮关闭 FV103 ⑯维持 T101 压力不小于 1.01MPa(必要时可打开阀 V2 充压) ⑰解除 FIC104 的串级,改为手动控制状态 ⑱打开 FV104(开度为 50%)向 T102 进油 ⑲当 LIC101 为零,关闭 FV104 ⑳关闭 FV104 的前阀 VI3 ㉑关闭 FV104 的后阀 VI4 ㉒打开阀门 V7,开度为 10%,将 D102 中的凝液排到 T102 中 ㉓当 D102 中的液位降到 0 时,关闭 V7 ㉔关闭阀门 V4,中断冷却盐水,停 E101

事故名称	主要现象	处 理 办 法
再沸器 E105 结垢严重	①调节阀 FV108 开度增大 ②加热蒸汽入口流量增大 ③塔釜温度下降，塔顶温度也下降，塔釜 C₄ 组成上升	㉕ 手动打开 PV103，开度为 10%，吸收塔系统进行泄压 ㉖ 当 PI101 指示为零时，关闭 PV103 ㉗ 关闭 PV103 的前阀 VI5 ㉘ 关闭 PV103 的后阀 VI6 ㉙ 将 TIC107 改为手动控制 ㉚ 将 FIC108 改为手动控制 ㉛ 关闭 E105 蒸汽阀 FV108 ㉜ 关闭 E105 蒸汽阀 FV108 的前阀 VI23 ㉝ 关闭 E105 蒸汽阀 FV108 的后阀 VI24，停再沸器 E105 ㉞ 手动调节 PV104、PV105，保持解吸塔压力为 0.2MPa ㉟ 当 LIC105 液位小于 10% 时，关闭 P102A 的后阀 VI26 ㊱ 停泵 P102A ㊲ 关闭 P102A 的前阀 VI25 ㊳ 手动关闭 FV106 阀 ㊴ 关闭 FV106 阀的前阀 VI15 ㊵ 关闭 FV106 阀的后阀 VI16 ㊶ 打开 D103 泄液阀 V19，开度为 10% ㊷ 当液位指示下降为零时，关闭泄液阀 V19 ㊸ 手动调节 LV104 开度为 50%，将 T102 中的油倒入 D101 中 ㊹ 当 T102 液位 LIC104 指示下降至 10% 时，关闭 LV104 ㊺ 关闭 LV104 的前阀 VI13 ㊻ 关闭 LV104 的后阀 VI14 ㊼ 手动关闭 TV103 阀 ㊽ 关闭 TV103 阀的前阀 VI7 ㊾ 关闭 TV103 阀的后阀 VI8 ㊿ 打开 T102 泄油阀 V18，开度为 10% 51 当 T102 的液位指示 LIC104 下降为零时，关闭 V18 52 手动调节 PV104 至开度为 50%，开始向 T102 系统泄压 53 当 T102 系统压力降至常压时，关闭 PV104 54 停 T101 吸收油进料后，打开 D101 排油阀 V10 55 当 T102 中油倒空，D101 液位降为零时，关 V10
解吸塔塔釜加热蒸汽压力高	①解吸塔内蒸汽流量变大 ②解吸塔塔釜温度升高	①将 FIC108 改为手动控制 ②关小 FV108 阀，当 FIC107 稳定在 102℃ 左右时，将 FIC107 投串级
解吸塔塔釜加热蒸汽压力低	①解吸塔内蒸汽流量减小 ②解吸塔塔釜温度降低	①将 FIC108 改为手动控制 ②开大 FV108 阀，当 FIC107 稳定在 102℃ 左右时，将 FIC107 投串级
解吸塔超压	解吸塔塔顶压力增大	①开大 PV105 ②将 PIC104 改为手动控制 ③调节 PV104 阀门开度，控制解吸塔塔顶压力在 0.5MPa 左右 ④当 PIC105 稳定在 0.5MPa 左右时，将 PIC105 投自动，设定值为 0.5MPa ⑤当 PIC104 稳定在 0.55MPa 左右时，将 PIC104 投自动，设定值为 0.55MPa

续表

事故名称	主要现象	处 理 办 法
吸收塔超压	吸收塔塔顶压力增大	①关小原料气进气阀 V1,使吸收塔塔顶压力 PI101 控制在 1.22MPa 左右 ②将 PIC103 改为手动控制 ③调节 PV103 使吸收塔塔顶压力 PI101 稳定在 1.22MPa 后 ④将 V1 开度调整为 50% ⑤将 PIC103 投自动
解吸塔塔釜温度指示 FIC107 坏	塔釜 FIC107 温度显示值为室温	①将 FIC108 改为手动控制,手动调解吸塔入口温度和塔顶温度保持正常值 ②将 LIC104 改为手动控制,调节 LV104 开度,使液位保持在 50%左右 ③待 LIC104 稳定在 50%左右后,将 LIC104 投自动

思考题

1. 吸收岗位的操作是在高压、低温的条件下进行的,为什么说这样的操作条件对吸收过程的进行有利?

2. 请从节能的角度对换热器 E103 在本单元的作用做出评价。

3. 操作时若发现富油无法进入解吸塔,会由哪些原因导致?应如何调整?

4. 假如本单元的操作已经平稳,这时吸收塔的进料富气温度突然升高,分析会导致什么现象?如果造成系统不稳定,吸收塔的塔顶压力上升(塔顶 C_4 增加),有几种手段将系统调节正常?

5. 请分析本流程的串级控制;如果请你来设计,还有哪些变量间可以通过串级调节控制?这样做的优点是什么?

6. C_6 油贮罐进料阀为一手操阀,有没有必要在此设一个调节阀,使进料操作自动化,为什么?

项目三　萃取塔单元

萃取是利用化合物在两种互不相溶(或微溶)的溶剂中溶解度或分配系数的不同,使化合物从一种溶剂内转移到另外一种溶剂中,经过反复多次萃取,将绝大部分的有机化合物提取出来的方法。

分配定律是萃取方法理论的主要依据,物质对不同的溶剂有着不同的溶解度。在两种互不相溶的溶剂中,加入某种可溶性的物质时,它能分别溶解于两种溶剂中,实验证明,在一定温度下,该化合物与此两种溶剂不发生分解、电解、缔合和溶剂化等作用时,此化合物在两液层中之比是一个定值。

萃取塔是工业上常用的萃取设备,为了达到萃取的工艺要求,萃取塔内设有分散装置,如喷嘴、筛孔板、填料或机械搅拌装置,塔顶、塔底均应有足够的分离段,以保证两相间很好地分层。工业上常用的萃取塔有喷洒萃取塔、填料萃取塔、筛板萃取塔、脉冲筛板塔、往复振动筛板塔、转盘萃取塔等。

一、萃取塔的操作要点

① 注意维持两相的流速。萃取塔正常操作时,两相的流速必须低于液泛速度。在填料萃取塔中,连续相的适宜操作速度一般为液泛速度的 $50\%\sim60\%$。

② 控制好塔内两相的滞留量。在萃取塔开车时，尤其要注意控制好两相的滞留量。要先将连续相注满塔中，然后打开分散相进口阀，逐渐加大流量至分散相在分层段聚集，两相界面达到规定的高度后，才打开分散相出口阀，并调节流量使界面高度稳定。如果以轻相为分散相，则控制塔顶分层段内两相界面高度；如果以重相为分散相，则控制塔底两相界面高度。

在萃取塔的操作中，应保持连续相在塔内有较大的滞留量，分散相在塔内有较小的滞留量。如果分散相在塔内的滞留量过大，会导致液滴相互碰撞聚集的机会增多，两相的传质面积减少，甚至出现分散相转化为连续相。

③ 应保持萃取剂用量与原料液的比例稳定，否则操作不易稳定。

④ 萃取塔能否维持稳定操作的关键在于塔顶两相分界面是否稳定。在稳定操作条件下，若萃取剂和原料液的流量比恒定，则两相界面处于一稳定位置，此位置可以通过塔上部的玻璃视镜来观察。

⑤ 对有外加能量的设备，如脉动萃取塔等，要控制好输入能量的大小，并由实验或经验值选择好脉动的频率及振幅等条件，生产中不用做过多的调节。

二、萃取塔单元仿真操作训练

1. 流程简介

本工艺是用萃取剂（水）来萃取丙烯酸丁酯生产中的催化剂（对甲苯磺酸）的过程。首

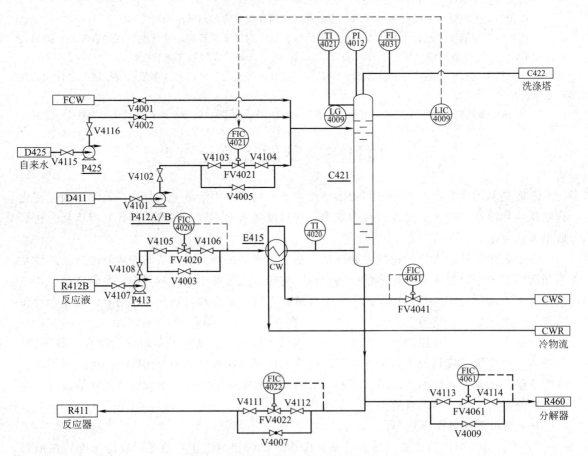

图 5-10　萃取塔单元带控制点流程图

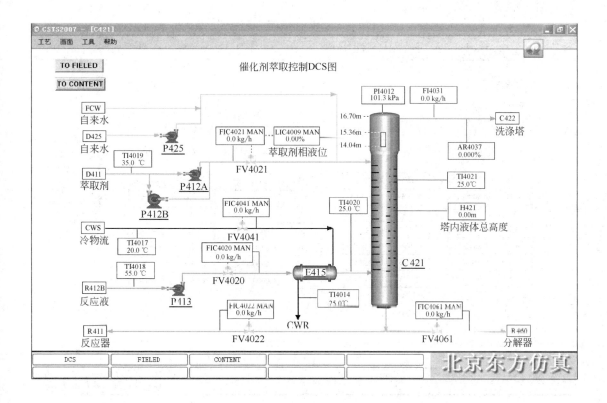

图 5-11　催化剂萃取控制 DCS 图

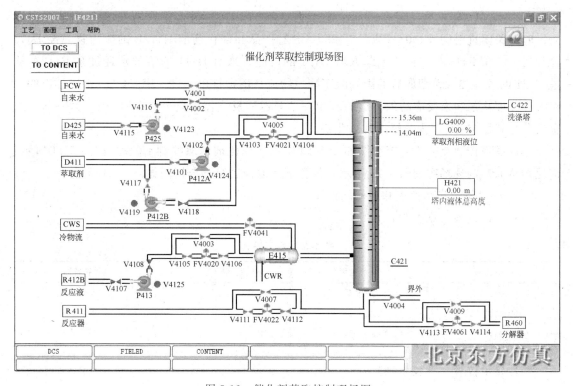

图 5-12　催化剂萃取控制现场图

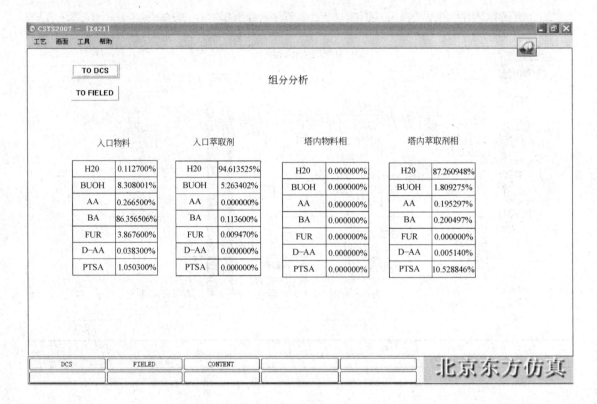

图 5-13　萃取塔组分分析图

先将自来水（FCW）通过阀 V4001（或通过泵 P425 输送）进入萃取塔 C421，当液位到达 50％时，关闭进料阀 V4001（或泵 P425）。含有产品和催化剂的 R412B 的流出物在经 E415 冷却后，经泵 P413 送入催化剂萃取塔 C421 的塔底。来自 D411 的溶剂水通过泵 P412A 从塔 C421 的顶部加入。萃取后的丙烯酸丁酯主物流从塔顶排出后进入塔 C422。塔底排出的含有大部分催化剂和未反应的丙烯酸的水相一部分返回反应器 R411A 循环使用，另一部分去重组分分解器 R460 作为分解用的催化剂。

　　萃取塔带控制点的工艺流程图如图 5-10 所示，催化剂萃取控制 DCS 图如图 5-11 所示，催化剂萃取控制现场图如图 5-12 所示，催化剂萃取控制组分分析图如图 5-13 所示。

　　2. 主要设备、显示仪表和现场阀说明

　　（1）主要设备（见表 5-11）

表 5-11　主要设备

设备位号	设备名称	设备位号	设备名称
P425	进水泵	E415	冷却器
P412A/B	溶剂进料泵	C421	萃取塔
P413	主物流进料泵		

　　（2）显示仪表（见表 5-12）

　　（3）现场阀（见表 5-13）

表 5-12 显示仪表

位号	显示变量	位号	显示变量
AR4037	萃取塔塔顶萃取剂含量	LG4009	萃取相液位
FIC4020	反应液进料量	TI4014	E415 冷物流换热后温度
FIC4021	萃取剂进料量	TI4017	E415 冷物流换热前温度
FIC4022	返回反应器的萃取剂量	TI4018	反应液换热前温度
FI4031	萃取塔塔顶流量	TI4019	萃取剂进料温度
FIC4041	E415 冷物流流量	TI4021	C421 塔顶温度
FIC4061	返回分解器的萃取剂量	PI4012	C421 塔顶压力
H421	萃取塔内液体总高度	TI4020	主物料出口温度
LIC4009	萃取相液位	FI4031	主物料出口流量

表 5-13 现场阀

位号	名　称	位号	名　称
FV4020	反应器进料流量调节阀	V4105	调节阀 FV4020 前阀
FV4021	萃取剂进料流量调节阀	V4106	调节阀 FV4020 后阀
FV4022	返回反应器的萃取剂流量调节阀	V4107	泵 P413 的前阀
FV4041	E415 冷物流流量调节阀	V4108	泵 P413 的后阀
FV4061	返回分解器的萃取剂流量调节阀	V4111	调节阀 FV4022 的前阀
V4001	FCW 的入口阀	V4112	调节阀 FV4022 的后阀
V4002	水的入口阀	V4113	调节阀 FV4061 的前阀
V4003	调节阀 FV4020 旁通阀	V4114	调节阀 FV4061 的后阀
V4004	C421 泻液阀	V4115	泵 P425 的前阀
V4005	调节阀 FV4021 旁通阀	V4116	泵 P425 的后阀
V4007	调节阀 FV4022 旁通阀	V4117	泵 P412B 的前阀
V4009	调节阀 FV4061 旁通阀	V4118	泵 P412B 的后阀
V4101	泵 P412A 的前阀	V4119	泵 P412B 的开关阀
V4102	泵 P412A 的后阀	V4123	泵 P425 的开关阀
V4103	调节阀 FV4021 前阀	V4124	泵 P412A 的开关阀
V4104	调节阀 FV4021 后阀	V4125	泵 P413 的开关阀

任务一　开车操作训练

一、灌水

① 打开泵 P425 的前阀 V4115；

② 开启泵 P425 的开关阀 V4123；

③ 打开泵 P425 的后阀 V4116；

④ 打开 V4002 阀，使其开度大于 50％，对萃取塔 C421 进行灌水；

⑤ 当 C421 界面液位 LIC4009 的显示值接近 50％时，关闭阀门 V4002；

⑥ 关闭泵 P425 的后阀 V4116；

⑦ 关闭泵 P425 的开关阀 V4123；

⑧ 关闭泵 P425 的前阀 V4115。

二、启动换热器

开启调节阀 FV4041，使其开度为 50％。

三、引反应液

① 打开泵 P413 的前阀 V4107；

② 打开泵 P413 的开关阀 V4125；

③ 打开泵 P413 的后阀 V4108；

④ 打开调节阀 FV4020 的前阀 V4105；

⑤ 打开调节阀 FV4020 的后阀 V4106；

⑥ 打开调节阀 FV4020，使其开度为 50%。

四、引萃取剂

① 打开泵 P412 的前阀 V4101；

② 打开泵 P412 的开关阀 V4124；

③ 打开泵 P412 的后阀 V4102；

④ 打开调节阀 FV4021 的前阀 V4103；

⑤ 打开调节阀 FV4021 的后阀 V4104；

⑥ 打开调节阀 FV4021，使其开度为 50%，将 D411 出来的液体送至 C421。

五、放萃取液

① 打开调节阀 FV4022 的前阀 V4111；

② 打开调节阀 FV4022 的后阀 V4112；

③ 打开调节阀 FV4022，使其开度为 50%，将 C421 塔底的部分液体返回反应器 R411 中；

④ 打开调节阀 FV4061 的前阀 V4113；

⑤ 打开调节阀 FV4061 的后阀 V4114；

⑥ 打开调节阀 FV4061，使其开度为 50%，将 C421 塔底的另外部分液体送至重组分分解器 R460 中。

六、调至平衡

① 当 FIC4021 显示值接近 2112.7kg/h 时，将 FIC4021 投自动，设定值为 2112.7kg/h；

② 当 FIC4020 显示值接近 21126.6kg/h 时，将 FIC4020 投自动，设定值为 21126.6kg/h；

③ 当 FIC4022 的流量接近 1868.4kg/h 时，将 FIC4022 投自动，设定值为 1868.4kg/h；

④ 当 FIC4061 的流量达到 77.1kg/h 时，将 FIC4061 投自动，设定值为 77.1kg/h；

⑤ 将 FIC4041 投自动，设定值为 20000kg/h。

任务二　停车操作训练

一、关闭进料

① 将 FIC4020 改为手动控制；

② 将调节阀 FV4020 的开度设为零；

③ 关闭调节阀 FV4020 的后阀 V4106；

④ 关闭调节阀 FV4020 的前阀 V4105；

⑤ 关闭泵 P413 的开关阀 V4125；

⑥ 关闭泵 P413 的后阀 V4108；

⑦ 关闭泵 P413 的前阀 V4107。

二、停换热器

① 将 FIC4041 改为手动控制；

② 关闭 FIC4041 阀。

三、灌自来水

① 打开进自来水阀 V4001，使其开度为 50%；

② 当罐内物料相中的 BA 的含量小于 0.9% 时，关闭 V4001。

四、停萃取剂

① 将 LIC4009 改为手动控制；

② 将控制阀 FV4021 改为手动控制，开度设为零；

③ 关闭控制阀 FV4021 的后阀 V4104；

④ 关闭控制阀 FV4021 的前阀 V4103；

⑤ 关闭泵 P412A 的开关阀 V4124；

⑥ 关闭泵 P412A 的后阀 V4102；

⑦ 关闭泵 P412A 的前阀 V4101。

五、放塔内水相

① 将 FIC4022 改为手动控制；

② 将 FV4022 的开度调节为 100%；

③ 打开调节阀 FV4022 的旁通阀 V4007；

④ 将 FIC406 改为手动控制，开度调为 100%；

⑤ 打开调节阀 FV4061 的旁通阀 V4009；

⑥ 打开阀 V4004；

⑦ 泄液结束后，关闭调节阀 FV4022；

⑧ 关闭调节阀 FV4022 的后阀 V4112；

⑨ 关闭调节阀 FV4022 的前阀 V4111；

⑩ 关闭现场阀 V4007；

⑪ 关闭调节阀 FV4061；

⑫ 关闭调节阀 FV4061 的后阀 V4114；

⑬ 关闭调节阀 FV4061 的前阀 V4113；

⑭ 关闭旁通阀 V4009；

⑮ 关闭阀 V4004。

任务三 正常运营管理及事故处理操作训练

一、正常操作

熟悉工艺流程，密切注意各工艺参数的变化，维持各工艺参数稳定。正常操作下工艺参数如表 5-14 所示。

表 5-14 正常操作工艺参数

位号	正常值	单位	位号	正常值	单位
FIC4021	2112.7	kg/h	TIC4014	30	℃
FIC4020	21126.6	kg/h	TI4021	35	℃
FIC4022	1868.4	kg/h	PI4012	101.3	kPa
FIC4041	20000	kg/h	TI4020	35	℃
FIC4061	77.1	kg/h	FI4031	21293.8	kg/h
LI4009	50	%			

二、事故处理

出现突发事故时，应先分析事故产生的原因，并及时做出正确的处理（见表 5-15）。

表 5-15　事故处理

事故名称	主要现象	处理方法
P412A 泵坏	①P412A 泵的出口压力急剧下降 ②FIC4021 的流量急剧减小	①停泵 P412A 的后阀 V4102 ②关闭泵 P412A ③关闭泵 P412A 的前阀 V4101 ④打开泵 P412B 的前阀 V4117 ⑤打开泵 P412B ⑥打开泵 P412B 的后阀 V4118
调节阀 FV4020 卡	FIC4020 的流量不可调节	①打开调节阀 FV4020 的旁通阀 V4003,使其开度为 50% ②关闭调节阀 FV4020 的前阀 V4105 ③关闭调节阀 FV4020 的后阀 V4106

思考题

1. 什么是液泛现象？应如何避免？
2. 温度对萃取过程有什么影响？
3. 萃取过程中选择分散相的原则是什么？
4. 在冷态开车中，为什么要首先对萃取塔 C421 进行罐水？
5. 本工艺流程中用的萃取剂是什么？
6. 反应液为什么要经过热换器 E415 后才进入萃取塔？
7. 如何判断和控制萃取过程的结束？
8. 应如何维持萃取塔操作的稳定？
9. 滞流量对萃取操作有何影响？

阅读材料

复杂控制系统（二）

一、比值控制系统

在化工、炼油及其他工业生产过程中，工艺上常需要两种或两种以上的物料保持一定的比例关系，比例一旦失调，将影响生产或造成事故。控制器输出的变化与输入控制器的偏差大小成比例关系的控制规律，称为比例控制规律。比例控制规律是基本控制规律中最基本的、应用最普遍的一种。其最大优点是控制及时、迅速。只要有偏差产生，控制器立即产生控制作用。但是，不能最终消除余差的缺点限制了它的单独使用。单纯的比例控制适用于扰动不大，滞后较小，负荷变化小，要求不高，允许有一定余差存在的场合。

比值控制系统可分为：开环比值控制系统、单闭环比值控制系统、双闭环比值控制系统、变比值控制系统、串级和比值控制组合的系统等。

二、均匀控制系统

工业生产装置的生产设备都是前后紧密联系的。前一设备的出料往往是后一设备的进料。为了解决前后工序的供求矛盾，使两个变量之间能够互相兼顾和协调操作，则采用均匀控制系统多数均匀控制系统都是要求兼顾液位和流量两个变量，也有兼顾压力和流量的，其特点是：不仅要使被控变量保持不变（不是定值控制），而又要使两个互相联系的变量都在允许的范围内缓慢变化。

簡单均匀控制系统在结构上与一般的单回路定值控制系统是完全一样的。只是在控制器的参数设置上有区别。串级均匀控制系统主、副变量的地位由控制器的取值来确定。两个控制器参数的取值都是按均匀控制的要求来处理。副控制器一般选比例作用就行了，有时加一点积分作用，其目的不全是为了消除余差，而只是弥补一下为了平缓控制而放得较弱的比例控制作用。主控制器用比例控制作用，为了防止超出控制范围也可适当加一点积分作用。

模块六 过程控制操作训练

学习指南

☑ **知识目标** 了解贮罐等在化工生产中的应用。熟悉典型的贮存设备类型及其结构特点；掌握液位控制的原理和自动控制方案；掌握液位控制和罐区设备的操作要领、常见故障产生的原因及故障处理方法。

☑ **能力目标** 能正确理解操作规程并能根据操作规程要求对液位控制、罐区实施基本操作和工艺控制；能熟练运用传质基本理论与工程技术观点分析和解决液位控制、罐区操作过程中常见的故障。能对液位控制、罐区设备进行日常维护和保养。

☑ **素质目标** 养成追求知识、严谨治学、勇于创新的科学态度和理论联系实际的思维方式；树立工程技术观念；形成安全生产、节能环保的职业意识和敬业爱岗、严格遵守操作规程的职业操守及团结协作、积极进取的团队合作精神。

在工业生产中，液位的测量与控制十分重要。例如，锅炉汽包的液位关系到锅炉的正常运行，液位过高使得生产的蒸汽品质下降，从而影响其他生产环节或装置的运行；液位过低，会发生锅炉汽包被烧干引起爆炸的事故。因此，必须对锅炉汽包的液位进行检测和控制，及时发现问题，消除安全隐患，确保生产的安全和设备运行的安全。此外，为了配合生产流程，要对各种介质产品进行运输和存贮，为此企业均建有大量的贮罐。由防火堤或防护墙围成的一个或几个贮罐组成的贮罐单元称为贮罐组。由一个或若干个贮罐组组成的贮罐区域称为贮罐区。罐区既是大型化工企业的重要组成部分，也是化工安全生产的关键环节之一。因此，对这些复杂过程的控制进行训练也就十分必要。

项目一 液位控制单元

物位是指存放在容器或工业设备中物质的高度或位置。液面的高低用液位来表征。物位的检测与控制在现代工业生产自动化中具有重要的地位。通过物位的测量，可以准确获知容器内贮存原料、半成品或成品的数量（指体积或质量）；根据物位的高低，通过连续监视或控制容器内流入与流出物料的平衡情况，使物位保持在工艺要求的范围内，或对它的上下限位置进行报警。因此，物位测量与控制一般有两个目的，一是对物位测量的绝对值要求非常准确，用来确定容器内或贮存库中的原料、辅料、半成品或成品的数量；二是对物位测量的相对值要求非常准确，要能快速、准确反映出某一特定水准面上物料的相对变化，用以连续控制生产过程。

一、液位控制的操作要点

多级液位控制和原料的比例混合，是化工生产中经常遇到的问题。要做到对其平稳准确地控制，一方面要准确分析液位控制流程，找出主副控制变量，按流程中主物料流向逐渐建立液位；另一方面要选择合理的自动控制方案，并进行正确的控制操作。

二、液位控制单元仿真操作训练

1. 流程简介

压力为 8kgf/cm² 的原料液通过流量调节器 FIC101 向缓冲罐 V101 充液。缓冲罐 V101 的压力由调节器 PIC101 分程控制。缓冲罐 V101 液位调节器 LIC101 和流量调节器 FIC102 串级调节。缓冲罐 V101 中的液体通过泵 P101A（或 P101B）抽出经调节阀 FV102 送入贮槽 V102。

贮槽 V102 有两股来料，一股来自缓冲罐 V101，另一股来自系统外压力为 8kgf/cm² 的液体通过调节器 LIC102 进入。贮槽 V102 液位由液位调节器 LIC102 控制在 50％左右，V102 中的液体利用位差自底部进入贮槽 V103，其流量由调节器 FIC103 控制在 30000kg/h。

贮槽 V103 也有两股进料，一股来自于 V102，另一股为系统外 8kgf/cm² 压力的液体通过 FIC103 与 FI103 比值调节进入 V103，比值为 2∶1。V103 底液体通过 LIC103 调节阀输出，正常时罐 V103 液位控制在 50％左右。

液位控制系统带控制点工艺流程图如图 6-1 所示，液位控制系统 DCS 图如图 6-2 所示，液位控制系统现场图如图 6-3 所示。

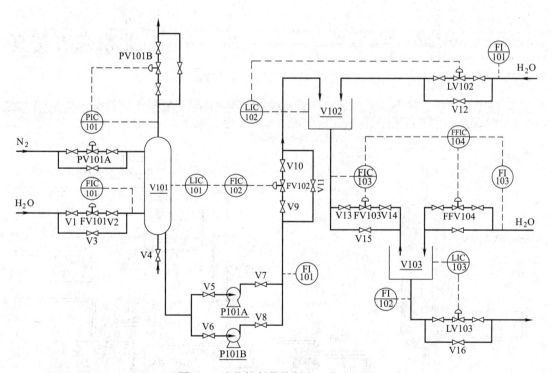

图 6-1 液位控制带控制点工艺流程图

2. 主要设备、显示仪表和现场阀说明

（1）主要设备（见表 6-1）

（2）显示仪表（见表 6-2）

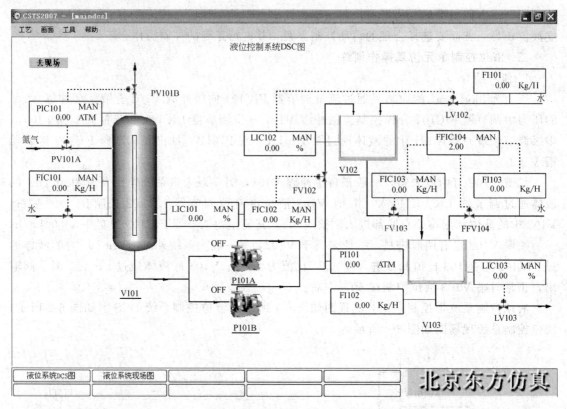

图 6-2　液位控制系统 DCS 图

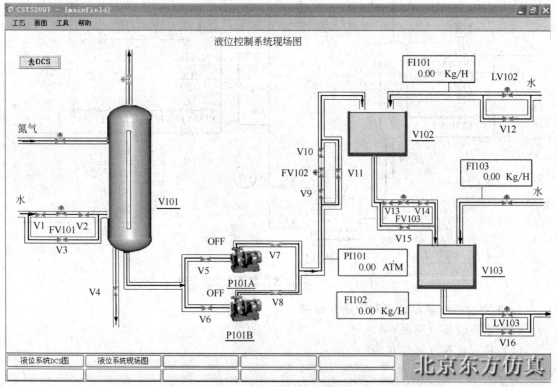

图 6-3　液位控制系统现场图

表 6-1　主要设备

设备位号	设备名称	设备位号	设备名称
V101	缓冲罐	P101A	缓冲罐 V101 底抽出泵
V102	恒压中间罐	P101B	缓冲罐 V101 底抽出备用泵
V103	恒压产品罐		

表 6-2　显示仪表

位号	显示变量	位号	显示变量
FIC101	V101 进料流量	LIC103	V103 液位
FIC102	V101 出料流量	PI101	P101A/B 出口压力
FIC103	V102 出料流量	FI101	V102 进料流量
FFIC104	V103 进料流量	FI102	V103 出料流量
LIC101	V101 液位	FI103	V103 进料流量
LIC102	V102 液位	PIC101	V101 压力

（3）现场阀（见表 6-3）

表 6-3　现场阀

位号	名称	位号	名称
FV101	V101 进料流量调节阀	V5	P101A 前阀
FV102	V101 出料流量调节阀	V6	P101B 前阀
FV103	V102 出料流量调节阀	V7	P101A 后阀
FV104	V103 出料流量调节阀	V8	P101B 后阀
LV102	V102 液位调节阀	V9	FV102 前阀
LV103	V103 液位调节阀	V10	FV102 后阀
PV101A	V101 充压阀	V11	FV102 旁通阀
PV101B	V101 泄压阀	V12	进 V102 外来料调节阀 LV102 的旁通阀
V1	FV101 前阀	V13	FV103 前阀
V2	FV101 后阀	V14	FV103 后阀
V3	FV101 旁通阀	V15	FV103 旁通阀
V4	V101 排凝阀	V16	V103 出料调节阀 LV103 的旁通阀

任务一　开车操作训练

一、缓冲罐V101充压及液位建立

① 打开 FV101 的前阀 V1；

② 打开 FV101 的后阀 V2；

③ 打开 FV101，开度为 50%，给原料缓冲罐 V101 允液；

④ 缓冲罐 V101 有液位时，调节压力调节阀 PIC101 进行冲压，使 V101 液位在达到 50% 以前，PIC101 值在 5atm 左右；

⑤ 当压力稳定在 5atm 左右时，PIC101 投自动，设定值为 5atm。

二、中间贮槽V102液位的建立

① 待 V101 液位达 40% 以上，将 FIC101 投自动，设定值为 20000kg/h；

② 打开泵 P101A 的前阀 V5；

③ 启动泵 P101A；

④ 打开泵 P101A 的后阀 V7；

⑤ 当泵出口压力 PI101 达到 10atm 以上时，打开 FV102 前阀 V9；

⑥ 打开 FV102 后阀 V10；

⑦ 手动调节 FV102 开度，使泵 P101A 出口压力控制在 9atm 左右，V101 液位控制在 50%左右；

⑧ V101 液位稳定在 50%左右后，将 LIC101 投自动，设定值为 50%；

⑨ 将 FIC102 投自动，设定值为 20000kg/h；

⑩ 将 FIC102 投串级；

⑪ V102 液位稳定在 50%左右后，将 LIC102 投自动，设定值为 50%。

三、产品贮槽V103 液位建立

① 打开 FV103 的前阀 V13；

② 打开 FV103 的后阀 V14；

③ 打开 FV103，控制 FIC103 的值为 30000kg/h；

④ 打开 FFV104 的开度，控制 FI103 显示值为 15000kg/h；

⑤ 将 FIC103 投自动，设定值为 30000kg/h；

⑥ 将 FFIC104 投自动，设定值为 2kg/h；

⑦ 将 FFIC104 投串级；

⑧ 当罐 V103 液位达 50%左右时，打开 LV103，开度为 50%；

⑨ 当 V103 液位稳定在 50%时，将 LIC103 投自动，设定值为 50%。

任务二　停车操作训练

一、停用原料缓冲罐V101

① 调节器 FIC101 投手动；

② 关闭 FV101 前、后阀 V1、V2；

③ 将调节器 LIC102 改为手动操作，关闭 LV102；

④ 解除 FIC102 与 LIC101 的串级，将 FIC102 改为手动控制；

⑤ 将调节器 FIC101 改为手动控制；

⑥ 控制调节阀 FV102 的开度，使泵的出口压力为 9atm；

⑦ 当罐 V101 液位降至 10%以下时，关闭调节阀 FV102；

⑧ 关闭调节阀 FV102 的前、后阀 V9、V10；

⑨ 关泵 P101A 后阀 V7；

⑩ 停泵 P101A；

⑪ 关泵 P101A 前阀 V5。

二、停用中间贮槽V102

① 当贮槽 V102 液位降到 10%时，FFIC104 改为手动控制；

② 将调节器 FIC103 改为手动控制；

③ 控制调节阀 FV103 和 FV104 使流经两者液体流量比维持在 2.0 左右；

④ 当贮罐 V102 液位降到零时，关调节阀 FV103；

⑤ 关闭调节阀 FV103 的前、后阀 V13、V14。

三、停用产品贮槽V103

① 将 LIC103 改为手动控制；

② 控制调节阀 LV103 开度（小于 50%），使贮槽 V103 液位缓慢下降；

③ 当贮槽 V103 液位降为零时，关闭调节阀 LV103。

任务三 正常运行管理及事故处理操作训练

一、正常操作

熟悉工艺流程，密切注意各工艺参数的变化，维持各工艺参数稳定。正常操作工艺参数见表 6-4。

表 6-4 正常操作工艺参数

位号	正常值	单位	位号	正常值	单位
FIC101	20000.0	kg/h	LIC103	50	%
FIC102	20000.0	kg/h	PIC101	5.0	atm
FIC103	30000.0	kg/h	PI101	9.0	atm
LIC101	50	%	FI101	10000.0	kg/h
LIC102	50	%	FI102	45000.0	kg/h

二、事故处理

出现突发事故时，应分析事故产生的原因，并及时做出正确的处理（见表 6-5）。

表 6-5 事故处理

事故名称	主要现象	处理办法
泵 P101A 坏	泵 P101A 画面显示为开，但泵出口压力急剧下降	①关小 P101A 泵出口阀 V7 ②打开 P101B 泵入口阀 V6 ③启动备用泵 P101B ④打开 P101B 泵出口阀 V8，待 PI101 压力达 9.0atm 时，关 V7 阀 ⑤关闭 P101A 泵 ⑥关闭 P101A 泵入口阀 V5
调节阀 FV102 阀卡	罐 V101 液位急剧上升，FIC102 流量减小	①调节 FIC102 旁通阀 V11 开度待 FIC102 流量正常后，关闭 FIC102 前、后手阀 V9、V10 ②关闭调节阀 FIC102

思考题

1. 通过本单元，理解什么是过程动态平衡，掌握通过仪表画面了解液位发生变化的原因和如何解决的方法。

2. 在调节器 FIC103 和 FFIC104 组成的比值控制回路中，哪一个是主动量？为什么？并指出这种比值调节属于开环还是闭环控制回路？

3. 本仿真培训单元包括有串级、比值、分程三种复杂调节系统，请说出它们各自的特点，它们与简单控制系统的差别是什么？

4. 在开、停车时，为什么要特别注意维持流经调节阀 FV103 和 FFV104 的液体流量比值为 2？

5. 开、停车的注意事项有哪些？

6. 为什么在停车时，要先排凝后泄压？

项目二 罐区系统

罐区是化工原料、中间产品及成品的集散地，是大型化工企业的重要组成部分，罐区的安全操作关系到整个工厂的正常生产。因此，罐区的生产操作及日常管理都特别重要。

罐区的作用有两个：一是生产缓冲，下游装置出现故障，上游生产装置可以不用停车；二是产品质量的调和，不同时间生产的产品质量不一样，日罐可以使其混合均匀，不会出现质量的大幅度波动。

一、罐区系统的操作和管理要点

1. 罐区的安全设施和安全管理措施健全

① 罐区应设防火墙。防火墙的容积应大于区内最大罐的容积，每四个或两个设一个隔墙。

② 罐内的液位、温度、压力有精确计量。

③ 根据罐内物料性质不同，设有呼吸阀、阻火器、防爆膜、氮封等安全设施。

④ 根据罐内物料性质要求，设置喷淋、降温或者冷冻装置（乙醛）。

⑤ 良好的静电接地装置。

⑥ 罐区设有专用消防水管网及足够的消防栓。

⑦ 设有大型泡沫站及一定数量的泡沫车。

⑧ 整个罐区有完善的避雷装置。

⑨ 罐区附近设有明显的防火、禁入等标志。

2. 定期监测

每天都需要精确监测罐内介质的液位、温度、压力，罐区内可燃/有毒气体浓度，明火，环境参数以及音频、视频信号等。

二、罐区系统仿真操作训练

1. 流程简介

约35℃的带压液体经过阀门 MV101 进入产品罐 T01，由离心泵 P01 将产品罐 T01 的产品打出，由 FIC101 控制回流量。回流的物流通过换热器 E01，被冷却水逐渐冷却到33℃左右。由泵打出的少部分产品由阀门 MV102 打回生产系统。当产品罐 T01 液位达到80％后，阀门 MV101 和阀门 MV102 自动关断。

产品罐 T01 打出的产品经过 T01 的出口阀 MV103 和 T03 的进口阀进入产品罐 T03，由温度传感器 TI301 显示 T03 罐底温度，压力传感器 PI103 显示 T03 罐内压力，液位传感器 LI301 显示 T03 的液位。由离心泵 P03 将产品罐 T03 的产品打出，控制器 FIC301 控制回流量。回流的物流通过换热器 E03，被冷却水逐渐冷却到30℃左右。温度传感器 TI203 显示被冷却后产品的温度，温度传感器 TI303 显示冷却水冷却后温度。少部分回流物料不经换热器 E03 直接打回产品罐 T03；从包装设备来的产品经过阀门 MV302 打回产品罐 T03，控制阀 FIC302 控制这两股物流混合后的流量。产品经过 T03 的出口阀 MV303 到包装设备进行包装。

罐区工艺流程图如图 6-4 所示，罐区 DCS 图如图 6-5 所示，罐区现场图如图 6-6～图 6-9 所示。

2. 主要设备、显示仪表和现场阀说明

（1）主要设备（见表 6-6）

（2）显示仪表（见表 6-7）

（3）现场阀（见表 6-8）

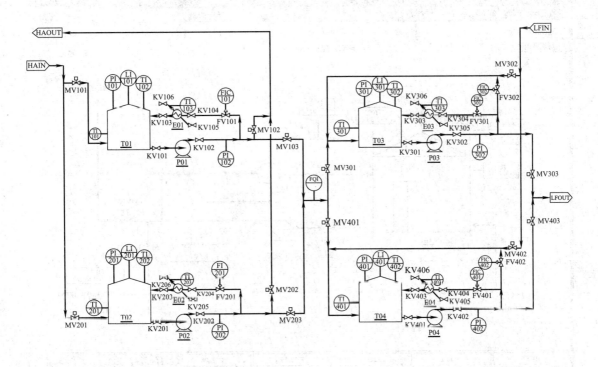

图 6-4 罐区带控制点工艺流程图

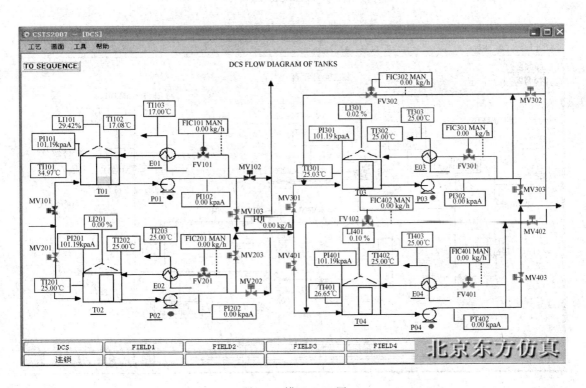

图 6-5 罐区 DCS 图

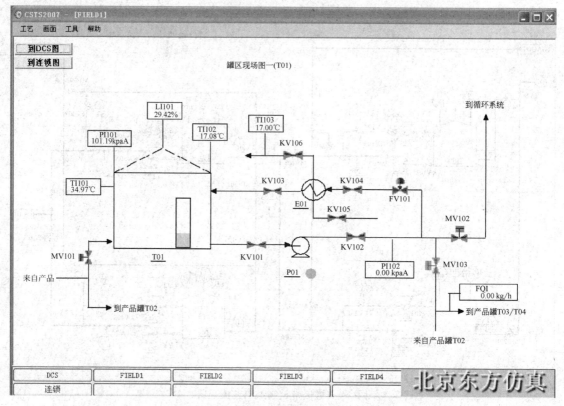

图 6-6 罐区现场图（一）

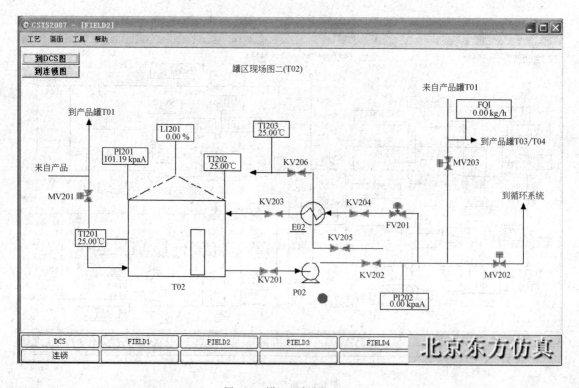

图 6-7 罐区现场图（二）

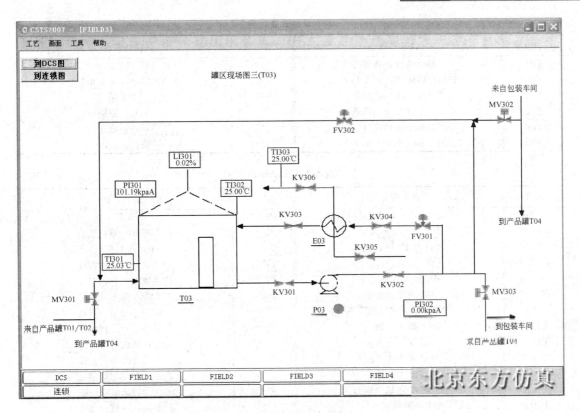

图 6-8　罐区现场图（三）

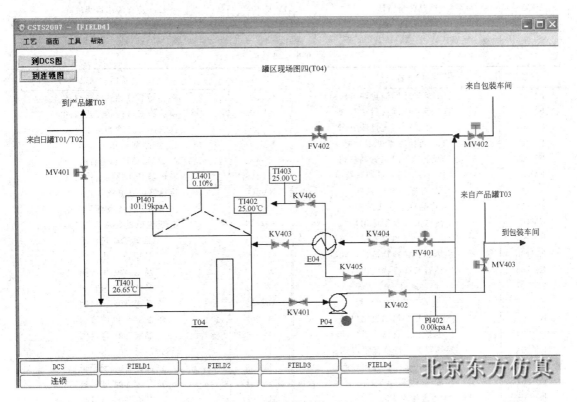

图 6-9　罐区现场图（四）

表 6-6　主要设备

设备位号	设备名称	设备位号	设备名称
E01	产品罐 T01 的换热器	P03	产品罐 T03 的出口泵
E02	备用产品罐 T02 的换热器	P04	备用产品罐 T04 的出口泵
E03	产品罐 T03 的换热器	T01	产品罐
E04	备用产品罐 T04 的换热器	T02	备用产品罐
P01	产品罐 T01 的出口泵	T03	产品罐
P02	备用产品罐 T02 的出口泵	T04	备用产品罐

表 6-7　显示仪表

位号	显示变量	位号	显示变量
FIC101	T01 经 E01 回流量	PI302	P03 泵后压力
FIC201	T02 经 E02 回流量	PI401	产品罐 T04 罐内压力
FIC301	T03 经 E03 回流量	PI402	P04 泵后压力
FIC302	T03 直接回流量	TI101	产品罐 T01 罐内温度
FIC401	T04 经 E04 回流量	TI102	产品罐 T01 罐内温度
FIC402	T04 直接回流量	TI103	E01 冷物流出口温度
FQI	T01、T02 向 T03、T04 倒罐累计量	TI201	产品罐 T02 罐内温度
LI101	产品罐 T01 液位	TI202	产品罐 T02 罐内温度
LI201	产品罐 T02 液位	TI203	E02 冷物流出口温度
LI301	产品罐 T03 液位	TI301	产品罐 T03 罐内温度
LI401	产品罐 T04 液位	TI302	产品罐 T03 罐内温度
PI101	产品罐 T01 罐内压力	TI303	E03 冷物流出口温度
PI102	P01 泵后压力	TI401	产品罐 T04 罐内温度
PI201	产品罐 T02 罐内压力	TI402	产品罐 T04 罐内温度
PI202	P02 泵后压力	TI403	E04 冷物流出口温度
PI301	产品罐 T03 罐内压力		

表 6-8　现场阀

位号	名称	位号	名称
FV101	T01 经 E01 回流量调节阀	KV304	换热器 E03 热物流进口阀
FV201	T02 经 E02 回流量调节阀	KV305	换热器 E03 冷物流进口阀
FV301	T03 经 E03 回流量调节阀	KV306	换热器 E03 冷物流出口阀
FV302	T03 直接回流量调节阀	KV401	产品罐泵 P04 前阀
FV401	T04 经 E04 回流量调节阀	KV402	产品罐泵 P04 后阀
FV402	T04 直接回流量调节阀	KV403	换热器 E04 热物流出口阀
KV101	产品罐泵 P01 前阀	KV404	换热器 E04 热物流进口阀
KV102	产品罐泵 P01 后阀	KV405	换热器 E04 冷物流进口阀
KV103	换热器 E01 热物流出口阀	KV406	换热器 E04 冷物流出口阀
KV104	换热器 E01 热物流进口阀	MV101	产品罐 T01 进料阀
KV105	换热器 E01 冷物流进口阀	MV102	产品罐 T01 出口阀
KV106	换热器 E01 冷物流出口阀	MV103	产品罐 T01 倒罐阀
KV201	产品罐泵 P02 前阀	MV201	产品罐 T02 进料阀
KV202	产品罐泵 P02 后阀	MV202	产品罐 T02 出口阀
KV203	换热器 E02 热物流出口阀	MV203	产品罐 T02 倒罐阀
KV204	换热器 E02 热物流进口阀	MV301	产品罐 T03 进料阀
KV205	换热器 E02 冷物流进口阀	MV302	产品罐 T03 出口阀
KV206	换热器 E02 冷物流出口阀	MV303	产品罐 T03 倒罐阀
KV301	产品罐泵 P03 前阀	MV401	产品罐 T04 进料阀
KV302	产品罐泵 P03 后阀	MV402	产品罐 T04 出口阀
KV303	换热器 E03 热物流出口阀	MV403	产品罐 T04 倒罐阀

任务一 开车操作训练

一、向产品罐进料
缓慢打开 T01 的进料阀 MV101，直到开度大于 50％。

二、建立T01 的回流
① 打开泵 P01 的前阀 KV101；
② 打开泵 P01 的电源开关，启动泵 P01；
③ 打开泵 P01 的后阀 KV102；
④ 打开换热器热物流进口阀 KV104；
⑤ 打开换热器热物流出口阀 KV103；
⑥ 缓慢打开 T01 回流控制阀 FV101，直到开度大于 50％；
⑦ 缓慢打开 T01 出口阀 MV102，直到开度大于 50％。

三、对T01 产品进行冷却
① 当 T01 液位大于 10％，打开换热器 E01 冷物流进口阀 KV105；
② 打开换热器 E01 的冷物流出口阀 KV106。

四、向产品罐T03 进料
① 缓慢打开产品罐 T03 的进料阀 MV301，直到开度大于 50％；
② 缓慢打开产品罐 T01 的倒罐阀 MV103，直到开度大于 50％；
③ 缓慢打开产品罐 T03 的包装设备出口阀 MV302，直到开度大于 50％；
④ 缓慢打开产品罐 T03 回流阀 FV302，直到开度大于 50％。

五、建立T03 回流
① 当 T03 的液位大于 3％时，打开泵 P03 的前阀 KV301；
② 打开泵 P03 的开关，启动泵 P03；
③ 打开泵 P03 的后阀 KV302；
④ 打开换热器热物流进口阀 KV304；
⑤ 打开换热器热物流出口阀 KV303；
⑥ 缓慢打开回流控制阀 FV301，直到开度大于 50％。

六、对T03 产品进行冷却
① 打开换热器 E03 的冷物流进口阀 KV305；
② 打开换热器 E03 的冷物流出口阀 KV306；
③ 保持罐内温度在 29～31℃。

七、产品罐T03 出料
当 T03 液位高于 80％时，缓慢打开出料阀 MV303，直到开度大于 50％。

任务二 正常运行管理及事故处理操作训练

一、正常操作
熟悉工艺流程，密切注意各工艺参数的变化，维持各工艺参数稳定。正常操作工艺参数见表 6-9。

二、事故处理
出现突发事故时，应分析事故产生的原因，并及时做出正确的处理（见表 6-10）。

表 6-9　正常操作工艺参数

位号	正常值	单位	位号	正常值	单位
TI101	33.0	℃	TI301	30.0	℃
TI201	33.0	℃	TI401	30.0	℃

表 6-10　事故处理

事故名称	主要现象	处理方法
P01 泵坏	①P01 泵出口压力为零 ②FIC101 流量急骤减小到零	①关闭 T01 进料阀 MV101 ②关闭 T01 出口阀 MV102 ③关闭 T01 回流控制阀 FV101 ④关闭泵 P01 后阀 KV102 ⑤关闭泵 P01 电源 ⑥关闭泵 P01 前阀 KV101 ⑦关闭换热器 E01 热物流进口阀 KV104 ⑧关闭换热器 E01 热物流出口阀 KV103 ⑨关闭换热器 E01 冷物流进口阀 KV105 ⑩关闭换热器 E01 冷物流出口阀 KV106 ⑪缓慢打开 T02 的进料阀 MV201，直到开度大于 50% ⑫T02 液位大于 5% 时，打开泵 P02 前阀 KV201 ⑬打开泵 P201 开关，启动泵 P201 ⑭打开泵 P201 后阀 KV202 ⑮打开换热器 E02 热物流进口阀 KV204 ⑯打开换热器 E02 热物流出口阀 KV203 ⑰缓慢打开 T02 回流控制阀 FV201，直到开度大于 50% ⑱缓慢打开 T02 出口阀 MV202，直到开度大于 50% ⑲当 T02 液位大于 10%，打开换热器 E02 冷物流进口阀 KV205 ⑳打开换热器 E01 冷物流出口阀 KV206 ㉑T02 罐内温度保持在 32～34℃ ㉒缓慢打开产品罐 T03 的进料阀 MV301，直到开度大于 50% ㉓缓慢打开产品罐 T01 的倒罐阀 MV103，直到开度大于 50% ㉔缓慢打开产品罐 T03 的包装设备进料阀 MV302，直到开度大于 50% ㉕缓慢打开产品罐 T03 回流阀 FV302，直到开度大于 50% ㉖当 T03 的液位大于 3% 时，打开泵 P03 的前阀 KV301 ㉗打开泵 P03 的开关，启动泵 P03 ㉘打开泵 P03 的后阀 KV302 ㉙打开换热器热物流进口阀 KV304 ㉚打开换热器热物流出口阀 KV303 ㉛缓慢打开回流控制阀 FV301，直到开度大于 50% ㉜打开换热器 E03 的冷物流进口阀 KV305 ㉝打开换热器 E03 的冷物流出口阀 KV306 ㉞保持罐内温度在 29～31℃ ㉟T03 液位高于 80%，缓慢打开出料阀 MV303，直到开度大于 50%
换热器 E01 结垢	①冷物流出口温度低于 17.5℃ ②热物流出口温度降低极慢	①关闭 T01 进料阀 MV101 ②关闭 T01 出口阀 MV102 ③关闭 T01 回流控制阀 FV101 ④关闭泵 P01 后阀 KV102 ⑤关闭泵 P01 电源 ⑥关闭泵 P01 前阀 KV101 ⑦关闭换热器 E01 热物流进口阀 KV104 ⑧关闭换热器 E01 热物流出口阀 KV103

续表

事故名称	主要现象	处 理 方 法
换热器 E01 结垢	①冷物流出口温度低于 17.5℃ ②热物流出口温度降低极慢	⑨关闭换热器 E01 冷物流进口阀 KV105 ⑩关闭换热器 E01 冷物流出口阀 KV106 ⑪缓慢打开 T02 的进料阀 MV201,直到开度大于 50% ⑫T02 液位大于 5% 时,打开泵 P02 前阀 KV201 ⑬打开泵 P201 开关,启动泵 P201 ⑭打开泵 P201 后阀 KV202 ⑮打开换热器 E02 热物流进口阀 KV204 ⑯打开换热器 E02 热物流出口阀 KV203 ⑰缓慢打开 T02 回流控制阀 FV201,直到开度大于 50% ⑱缓慢打开 T02 出口阀 MV202,直到开度大于 50% ⑲当 T02 液位大于 10%,打开换热器 E02 冷物流进口阀 KV205 ⑳打开换热器 E01 冷物流出口阀 KV206 ㉑T02 罐内温度保持在 32～34℃ ㉒缓慢打开产品罐 T03 的进料阀 MV301,直到开度大于 50% ㉓缓慢打开产品罐 T01 的倒罐阀 MV103,直到开度大于 50% ㉔缓慢打开产品罐 T03 的包装设备进料阀 MV302,直到开度大于 50% ㉕缓慢打开产品罐 T03 回流阀 FV302,直到开度大于 50% ㉖当 T03 的液位大于 3% 时,打开泵 P03 的前阀 KV301 ㉗打开泵 P03 的开关,启动泵 P03 ㉘打开泵 P03 的后阀 KV302 ㉙打开换热器热物流进口阀 KV304 ㉚打开换热器热物流出口阀 KV303 ㉛缓慢打开回流控制阀 FV301,直到开度大于 50% ㉜打开换热器 E03 的冷物流进口阀 KV305 ㉝打开换热器 E03 的冷物流出口阀 KV306 ㉞保持罐内温度在 29～31℃ ㉟T03 液位高于 80%,缓慢打开出料阀 MV303,直到开度大于 50%
换热器 E03 热物流串进冷物流	①冷物流出口温度明显高于正常值 ②热物流出口温度降低极慢	①关闭换热器 E03 冷物流进口阀 KV305 ②关闭换热器 E03 冷物流出口阀 KV306 ③关闭 T03 进料阀 MV301 ④关闭 T03 包装设备进料阀 MV302 ⑤关闭 T03 回流阀 FV302 ⑥关闭 T03 回流控制阀 FV301 ⑦关闭泵 P03 后阀 KV302 ⑧关闭泵 P03 电源 ⑨关闭泵 P03 前阀 KV301 ⑩关闭换热器 E03 热物流进口阀 KV304 ⑪关闭换热器 E03 热物流出口阀 KV303 ⑫缓慢打开 T01 的进料阀 MV101,直到开度大于 50% ⑬缓慢打开 T01 的出口阀 MV102,直到开度大于 50% ⑭缓慢打开 T04 进料阀 MV401,直到开度大于 50% ⑮缓慢打开倒罐阀 MV103,直到开度大于 50% ⑯缓慢打开 T04 的包装设备进料阀 MV402,直到开度大于 50% ⑰缓慢打开 T04 回流阀 FV402,直到开度大于 50% ⑱缓慢打开 T03 进口阀 MV301,直到开度大于 50% ⑲缓慢打开倒罐阀 MV203,直到开度大于 50% ⑳缓慢打开 T03 的包装设备进料阀 MV302,直到开度大于 50% ㉑缓慢打开 T03 回流阀 FV302,直到开度大于 50% ㉒当 T04 的液位大于 3% 时,打开泵 P04 的前阀 KV401

续表

事故名称	主要现象	处理方法
换热器 E03 热物流串进冷物流	①冷物流出口温度明显高于正常值 ②热物流出口温度降低极慢	㉓打开泵 P04 的开关，启动泵 P04 ㉔打开泵 P04 的后阀 KV402 ㉕打开换热器 E04 热物流进口阀 KV404 ㉖打开换热器 E04 热物流出口阀 KV403 ㉗缓慢打开 T04 回流控制阀 FV401，直到开度大于 50% ㉘当 T04 液位大于 5%，打开换热器 E04 冷物流进口阀 KV405 ㉙打开换热器 E04 冷物流出口阀 KV406 ㉚T04 罐内温度保持在 29～31℃ ㉛当 T04 液位高于 80%，缓慢打开出料阀 MV403，直到开度大于 50%

思考题

1. 罐区的操作原理是什么？
2. P01 泵坏时可能发生哪些事故？
3. 换热器 E01 结垢时可能造成什么危害？
4. 换热器 E03 热物流串进冷物流会有什么影响？
5. 为什么要建立产品罐的回流？
6. 罐区应如何进行安全管理？
7. 罐区的设计应注意哪些问题？

阅读材料

控制系统的投运

一、手动投运

① 通气、加电，首先保证气源、电源正常。

② 测量、变送器投入工作，用高精度的万用表检测测量变送器信号是否正常。

③ 使控制阀的上游阀、下游阀关闭，手调旁通阀门，使流体从旁路通过，使生产过程投入运行。

④ 用控制器自身的手操电路进行遥控（或者用手动定值器），使控制阀达到某一开度。等生产过程逐渐稳定后，再慢慢开启上游阀，然后慢慢开启下游阀，最后关闭旁路，完成手动投运。

二、切换到自动状态

在手动控制状态下，一边观察仪表指示的被控变量值，一边改变手操器的输出信号（相当于人工控制器）进行操作。待工况稳定后，即被控变量等于或接近设定值时，就可以进行手动到自动的切换。

如果控制质量不理想，微调 PID 的 δ、T_i、T_d 参数，使系统质量提高，进入稳定运行状态。

三、控制系统的停车

停车步骤与开车相反。控制器先切换到"手动"状态，从安全角度使控制阀进入工艺要求的关、开位置，即可停车。

四、系统的故障分析、判断与处理

1. 仪表故障判断

在工艺生产过程出现故障时，首先判断是工艺问题还是仪表本身的问题，这是故障判别的关键。一般来讲主要通过下面几种方法来判断。

（1）记录曲线的比较

① 记录曲线突变：工艺变量的变化一般是比较缓慢的、有规律的。如果曲线突然变化到"最大"或"最小"两个极限位置上，则很可能是仪表的故障。

② 记录曲线突然大幅度变化：各个工艺变量之间往往是互相联系的。一个变量的大幅度变化一般总是引起其他变量的明显变化。如果其他变量无明显变化，则这个指示大幅度变化的仪表（及其附属元件）可能有故障。

③ 记录曲线不变化（呈直线）：目前的仪表大多数很灵敏，工艺变量有一点变化都能有所反映。如果较长时间内记录曲线一直不动或原来的曲线突然变直线，就要考虑仪表有故障。这时，可以人为地改变一点工艺条件，看看仪表有无反应，如果无反应，则仪表有故障。

（2）控制室仪表与现场同位仪表比较

对控制室的仪表指示有怀疑时，可以去看现场的同位置（或相近位置）安装的直观仪表的指示值，两者的指示值应当相等或相近，如果差别很大，则仪表有故障。

（3）仪表同仪表之间比较

对一些重要的工艺变量，往往用两台仪表同时进行检测显示，如果二者不同时变化，或指示不同，则其中一台有故障。

2. 工艺问题的经验判断及处理方法

利用一些有经验的过程工艺技术人员对控制系统及工艺过程中积累的经验来判别故障，并进行排除故障处理。

模块七　化工产品生产操作训练

学习指南

☑ **知识目标**　了解乙酸、聚丙烯、合成氨等产品的工业应用；熟悉乙醛氧化制乙酸、CO_2 压缩、丙烯聚合及合成氨的工艺原理；了解乙醛氧化制乙酸、CO_2 压缩、丙烯聚合及合成氨生产典型设备的结构；掌握乙醛氧化制乙酸等工段级产品的操作要领；掌握乙醛氧化制乙酸、CO_2 压缩、丙烯聚合及合成氨生产中常见的故障类型、故障产生的原因及处理方法。

☑ **能力目标**　能熟练进行乙醛氧化制乙酸工段、CO_2 压缩工段、丙烯聚合工段及合成氨等工段级产品的开车操作、正常操作和停车操作；能对乙醛氧化制乙酸工段、CO_2 压缩工段、丙烯聚合工段及合成氨等产品中出现的故障进行正确分析、判断和处理；能对生产过程进行运行管理；能对生产设备进行日常维护和保养；能正确理解和执行生产操作规程。

☑ **素质目标**　具有工程技术观念和敬业爱岗、团结协作的精神；牢固树立规范操作、清洁生产、安全操作的意识；养成团结协作的团队合作精神。

项目一　乙醛氧化制乙酸工段

乙酸是重要的有机酸之一，在药品合成、织物印染、橡胶等工业中广泛用作溶剂和原料。乙醛氧化制乙酸是一种传统的乙酸生产方法，该反应包括一系列的氧化反应，乙醛首先氧化为过氧乙酸，而过氧乙酸很不稳定，在乙酸锰的催化下发生分解，同时使另一分子的乙醛氧化，生成两分子乙酸。氧化反应是放热反应。

$$CH_3CHO + O_2 \longrightarrow CH_3COOOH$$

$$CH_3COOOH + CH_3CHO \longrightarrow 2CH_3COOH$$

乙醛氧化制乙酸的反应一般被认为是自由基反应。由于中间产物过氧乙酸是一个极不稳定的化合物，积累到一定程度就会分解而引起爆炸，因此该反应必须在催化剂存在的条件下才能顺利进行。催化剂的作用是将乙醛氧化时生成的过氧乙酸及时分解为乙酸，而防止过氧乙酸的积累和爆炸。

一、流程简介

本装置反应系统采用双塔串联氧化流程（见图 7-1），乙醛和氧气按一定的流量配比进入第一氧化塔 T101（第一氧化塔 DCS 图、现场图分别见图 7-2、图 7-3）；氧气分为两股进入 T101，上口和下口通氧量比例约为 1：2；氮气通入塔顶气相部分，以稀释气相中氧气和乙醛。乙醛和氧气首先在第一氧化塔 T101 中反应（催化剂溶液直接进入 T101 内），然后到第二氧化塔 T102（第二氧化塔 DCS 图、现场图分别见图 7-4、图 7-5）中再加氧气进一步反应，不再加催化剂。反应系统生成的粗乙酸进入蒸馏回收系统中，经氧化液蒸发器 E201 脱除催化剂，在脱高沸塔 T201 中脱除高沸物，然后在脱低沸塔 T202 中脱除低沸物，再经过成品蒸发器 E206 脱除铁等金属离子，得到产品乙酸。从脱低沸物塔 T202 顶出来的低沸物去脱水塔 T203 回收乙酸，含量 99％的乙酸又返回精馏系统，从塔 T203 中部抽出副产物混酸，T203 塔顶出料去甲酯塔 T204。甲酯塔塔顶产出甲酯，塔釜排出的废水去中和池处理。

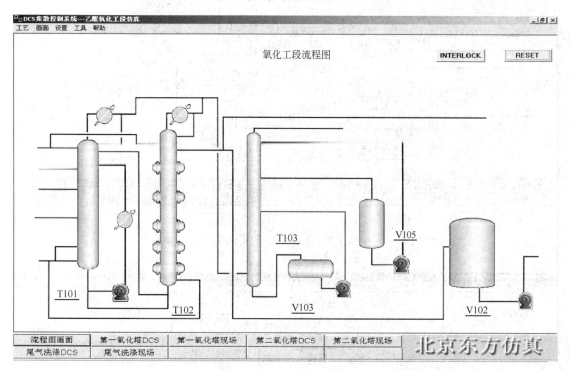

图 7-1　氧化工段流程图

　　氧化反应的反应热由换热器 E102A/B 移去，氧化液从塔下部用循环泵 P101A/B 抽出，经过换热器 E102A/B 循环回塔中，循环比（循环量：出料量）（110～140）:1。换热器出口氧化液温度为 60℃，塔中最高温度为 75～78℃，塔顶气相压力 0.2MPa（表），出第一氧化塔的氧化液中乙酸浓度在 92％～95％，从塔上部溢流去第二氧化塔 T102。第二氧化塔塔底部补充氧气，塔顶加入氮气，塔顶压力 0.1MPa（表），塔中最高温度约 85℃，出第二氧化塔的氧化液中乙酸含量为 97％～98％。

　　第一氧化塔和第二氧化塔的液位显示设在塔上部。出氧化塔的氧化液一般直接去蒸馏系统，也可以放到氧化液中间贮罐 V102 暂存。中间贮罐在正常操作情况下用作氧化液缓冲罐，停车或事故时用于贮存氧化液，乙酸成品不合格需要重新蒸馏时，由成品泵 P402 将其送到中间贮存，然后用泵 P102 送蒸馏系统回炼。

　　第一塔反应热由外冷却器移走，第二塔反应热由内冷却器移除。乙醛与催化剂全部进入第一氧化塔，第二氧化塔不再补充。

　　两台氧化塔的尾气分别经循环水冷却的冷却器 E101 中冷却。尾气洗涤塔和中间贮罐

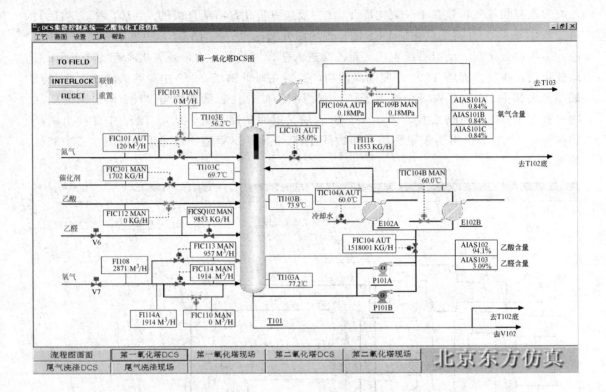

图 7-2　第一氧化塔 DCS 图

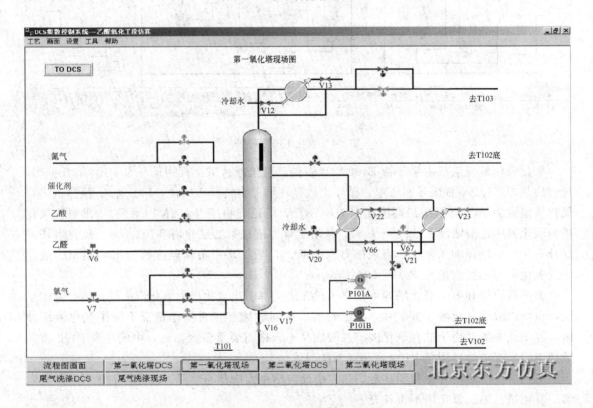

图 7-3　第一氧化塔现场图

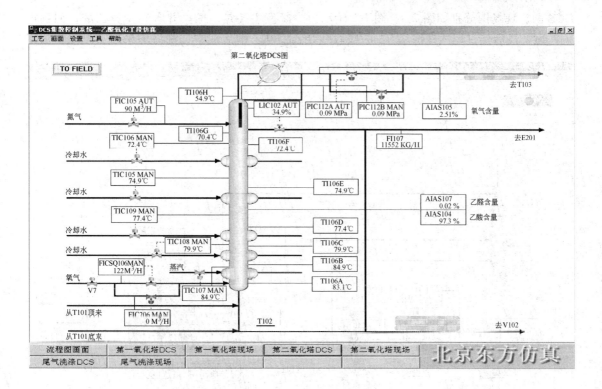

图 7-4　第二氧化塔 DCS 图

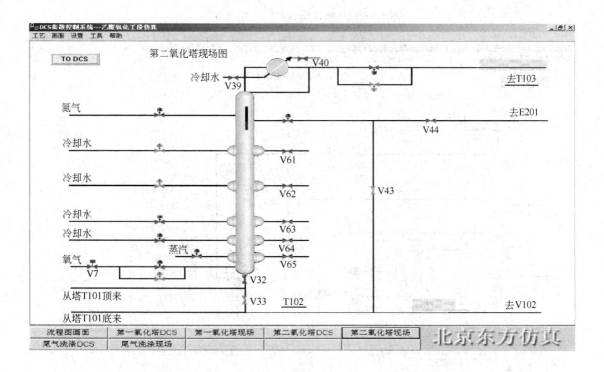

图 7-5　第二氧化塔现场图

DCS 图、现场图分别如图 7-6、图 7-7 所示。冷凝液主要是乙酸，并含有少量乙醛，回到塔顶，尾气最后经过尾气洗涤塔 T103 吸收残余乙醛和乙酸后放空。洗涤塔采用在投氧前从下

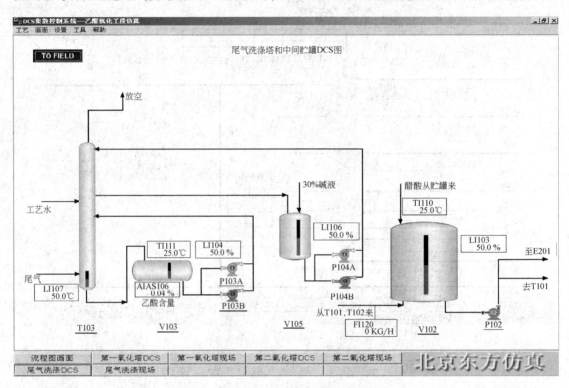

图 7-6　尾气洗涤塔和中间贮罐 DCS 图

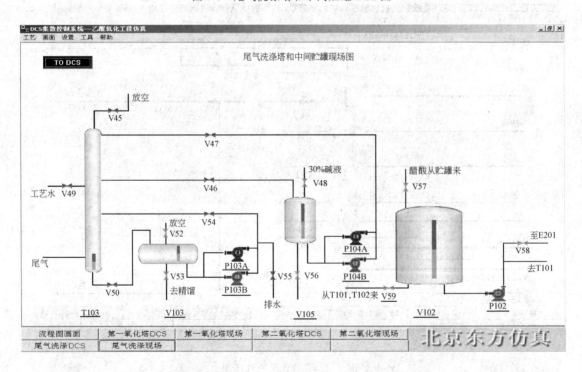

图 7-7　尾气洗涤塔和中间贮罐现场图

部输入新鲜工艺水，投入氧气后从上部输入碱液，分别用泵 P103、P104 循环。洗涤液温度为常温，含乙酸达到一定浓度后（70%～80%）送至精馏系统回收乙酸，碱洗段的洗液则定期排放至中和池。

二、主要设备、显示仪表和现场阀说明

1. 主要设备（见表 7-1）

表 7-1　主要设备

设备位号	设备名称	设备位号	设备名称
E102A/B	T101 氧化液冷却器	T102	第二氧化塔
P101A/B	T101 氧化液循环泵	T103	尾气洗涤塔
P102	V102 氧化液输送泵	V102	氧化液中间贮罐
P103A/B	T103 塔釜出液循环泵	V103	洗涤液贮罐
P104A/B	T103 塔中出液循环泵	V105	碱液贮罐
T101	第一氧化塔		

2. 显示仪表（见表 7-2）

表 7-2　显示仪表

位号	显示变量	位号	显示变量
AIAS101A	T101 尾气氧含量	LI104	V103 液位
AIAS101B	T101 尾气氧含量	LI106	V105 液位
AIAS101C	T101 尾气氧含量	LI107	T103 液位
AIAS102	T101 出料醋酸含量	PIC109A	T101 压力
AIAS103	T101 出料醛含量	PIC109B	T101 压力
AIAS104	T102 出料醋酸含量	PIC112A	T102 压力
AIAS105	T102 尾气氧含量	PIC112B	T102 压力
AIAS106	T103 中醋酸含量	TI103A	T101 底温度
AIAS107	T102 出料醛含量	TI103B	T101 中温度
FIC101	T101 氮气下路加氮量	TI103C	T101 上部液相温度
FICSQ102	T101 乙醛进料量	TI103E	T101 气相温度
FIC103	T101 氮气上路加氮量	TIC104A	E102A 出口温度
FIC104	T101 氧化液循环量	TIC104B	E102B 出口温度
FIC105	T102 加氮量	TIC105	T102 中部温度
FICSQ106	T102 氧气上路加氧量	TIC106	T102 中上部温度
FI107	T102 氧化液侧采量	TI106A	T102 底温度
FI108	T101 加氧总量	TI106B	T102 温度
FIC110	T101 氧气下路加氧量	TI106C	T102 温度
FIC112	T101 醋酸进料量	TI106D	T102 温度
FIC113	T101 氧气上路加氧量	TI106E	T102 温度
FIC114	T101 氧气中路加氧量	TI106F	T102 温度
FI114A	T101 氧气中下路加氧量	TI106G	T102 温度
FI118	T101 侧采量	TI106H	T102 气相温度
FI120	V120 来自 T101、T102 进料量	TIC107	T102 塔底温度
FIC206	T102 氧气下路进料量	TIC108	T102 中下部温度
FIC301	T101 催化剂进料量	TIC109	T102 中下部温度
LIC101	T101 液位	TI110	V102 温度
LIC102	T102 液位	TI111	V103 温度
LI103	V102 液位		

3. 现场阀（见表 7-3）

表 7-3 现场阀

位号	名　　称	位号	名　　称
V6	T101 乙醛进料阀	V48	V105 碱液进料阀
V7	氧气进料阀	V49	T103 工艺水进料阀
V12	T101 塔顶冷却器冷却水进口阀	V50	T103 塔底出料阀
V13	T101 塔顶冷却器冷却水出口阀	V52	V103 放空阀
V16	T101 塔底出料阀	V53	V103 去精馏出料阀
V17	T101 塔底循环液阀	V54	P103A/B 去 T103 循环阀
V20	E102A 蒸汽入口阀	V55	P103A/B 后排水阀
V21	E102B 蒸汽入口阀	V56	V105 排液阀
V22	E102A 换热介质出口阀	V57	V102 醋酸进料阀
V23	E102B 换热介质出口阀	V58	P102 到氧化液蒸发器 E201 进料阀
V32	T102 塔底进料阀（T101 顶来）	V59	T101、T102 到 V102 进料阀
V33	T102 塔底进料阀（T101 底来）	V61	T102 冷却水出口阀
V39	T102 塔顶冷却器冷却水进口阀	V62	T102 冷却水出口阀
V40	T102 塔顶冷却器冷却水出口阀	V63	T102 冷却水出口阀
V43	T101 底去氧化液蒸发器 E201 出料阀	V64	T102 冷却水出口阀
V44	氧化液 E201 蒸发器进料阀	V65	T102 塔底蒸汽出口阀
V45	T103 放空阀	V66	T101 酸洗回路阀（E102A）
V46	T103 到 V105 进料阀	V67	T101 酸洗回路阀（E102B）
V47	T103 塔顶进料阀		

任务一　开车操作训练

① 开工应具备如下条件。

a. 检修过的设备和新增的管线，必须经过吹扫、气密、试压、置换合格（若是氧气系统，还要进行脱酯处理）。

b. 电气、仪表、计算机、联锁、报警系统全部调试完毕，调校合格、准确好用。

c. 机电、仪表、计算机、化验分析具备开工条件，值班人员在岗。

d. 备有足够的开工用原料和催化剂。

② 引公用工程。

③ N_2 吹扫、置换气密。

④ 系统水运试车。

⑤ 酸洗反应系统

a. 开阀 V57 向 V102 注酸，超过 50% 液位后，关 V57 停止向 V102 注酸。

b. 开泵 P102 向 T101 注酸，同时打开 T101 注酸塔根阀 V4。

c. T101 有液（液位约 2%）后关闭泵 P102，停止向 T101 注酸，同时关闭塔根阀 V4。

d. 打开泵前阀 V17，开泵 P101A，开酸洗回路阀 V66，打开 FIC104，连通酸洗回路，酸洗 T101。

e. 关泵 P101A，关闭泵前阀 V17。

f. 打开 FIC101,向 T101 充氮将酸压至 T102 中,同时打开 T101 底阀 V16,打开 T102 底阀 V32、V33,由 T101 向 T102 压酸。

g. T102 中有液位显示后,打开 T102 进氮阀 FIC105,向 V102 压酸,同时打开 V102 回酸阀 V59,将 T101、T102 中的酸打回 V102。

h. 压酸结束后,关闭 FIC105、FIC101、V16、V32、V33、V59。

⑥ 配制氧化液。当 T101 中加乙酸 30% 后,停止进酸;向 T101 中加乙醛和催化剂,同时打开 P101A/B 泵打循环,开 E102A 通蒸汽为氧化液循环液加热,循环流量保持在 700000kg/h(通氧前),氧化液温度保持在 70~76℃,直到使浓度符合要求(醛含量约为 75%)。

a. 开泵 P102,开氧化液中间贮槽底部阀 V4,由 V102 向 T101 中注酸;同时开泵前阀 V17、泵 P101A、酸洗回路阀 V66,调节 FIC104 使初始流量控制在 500000kg/h。

b. 依次缓开换热器 E102 入口阀 V20 和出口阀 V22,为循环的氧化液加热。

c. 待 T101 液位达到 30% 后,关闭 V4 阀,同时停泵 P102。

d. 打开 FICSQ102,向 T101 中注入乙醛,并控制乙醛与投氧量摩尔比约为 2:1;同时打开 V3,向 T101 中注入催化剂。

⑦ 第一氧化塔投氧气开车。

a. 开车前联锁投自动。

b. 调整 PIC109A,使 T101 的压力保持在 0.2MPa(表)。

c. 打开并调节 FIC101 值为 120m³/h(氮气量),氧化液循环量 FIC104 控制在 700000kg/h。

d. 通氧气。

(a) 用调节阀 FIC110 投入氧气,初始投氧气量小于 100m³/h。注意两个参数的变化:LIC101 液位上涨情况;尾气氧含量 AIAS101 三块表显示值是否上升。随时注意塔底液相温度、尾气温度和塔顶压力等工艺参数的变化。如果液位上涨停止然后下降,同时尾气氧含量稳定,说明初始引发较理想,可逐渐提高投氧气量。

(b) 当调节阀 FIC110 投氧气量达到 320m³/h 时,启动 FIC114 调节阀。在 FIC114 增大投氧气量的同时,应减小调节阀 FIC110 的投氧气量;FIC114 投氧气量达到 620m³/h 时,关闭调节阀 FIC110,继续由 FIC114 投氧气,直到正常。

(c) FIC114 投氧气量达到 1000m³/h 后,可开启 FIC113 通入氧气,投氧气量 310m³/h 直到正常。原则要求:投氧气量在 0~400m³/h 之内,投氧气要慢,如果吸收状态好,要多次小量增加氧气量,400~1000m³/h 之内,如果反应状态良好,要加大投氧气幅度。应特别注意尾气中成分的变化,及时加大氮气量,同时保证上口和下口投氧气量的摩尔比约为 1:2。

(d) T101 塔液位过高时要及时向 T102 塔出料。当投氧气量到 400m³/h 时,将循环量逐渐加大到 850000kg/h;当投氧气量达到 1000m³/h 时,将循环量加大到 1000m³/h。循环量要根据投氧气量和反应状态的改变,同时要根据投氧气量和酸的浓度适当调节醛和催化剂的投料量。

e. 调节操作。

(a) 将 T101 塔顶氮气量调节到 120m³/h,氧化液循环量 FIC104 调节为 500000~700000kg/h,塔顶 PIC109A/B 控制为正常值 0.2MPa。将换热器(E102A/B)中的一台

E102A 改为投用状态，调节阀 TIC104B 备用；另一台关闭其冷却水通入蒸汽给氧化液加热，使氧化液温度稳定在 75～76℃。调节 T101 塔液位为 25%±5%，关闭出料调节阀 LIC101，按最小量投入氧气，同时观察液位、气液相温度及塔顶、尾气中含氧气量的变化情况。当液位升至 60% 以上时需向 T102 塔出料以降低液位。当尾气含氧气量上升时要加大 FIC101 氮气量，若继续上升含氧气量达到 5%（体积分数）时，打开 FIC103 旁路氮气，并停止增加通氧气量。若液位下降一定量后处于稳定，尾气含氧气量下降为正常值后，氮气量调回 120m³/h，含氧气量仍小于 5% 并有回降趋势，液相温度上升快，气相温度上升慢，有稳定趋势，此时小量增加通氧气量，同时观察各项指标。若正常，继续适当增加通氧气量，直至正常。待液相温度上升至 84℃ 时，关闭 E102A 加热蒸汽。

当投氧气量达到 1000m³/h 以上时，且反应状态稳定或液相温度达到 90℃ 时，开始投冷却水。缓慢打开 TIC104A，并观察气液相温度的变化趋势，温度稳定后再增加投氧气量。投水要根据塔内温度勤调，不可忽大忽小。在投氧气量增加的同时，要对氧化液循环量进行适当调节。

（b）投氧气量正常后，取 T101 氧化液进行分析，调整各项参数，稳定一段时间后，根据投氧气量按比例投入乙醛和催化剂。液位控制为 35%±5% 向 T102 出料。

（c）投氧气后，若来不及反应或吸收不好，使得液位升高或尾气含氧气量增高到 5% 时，应减小氧气量，增大通入氮气量。当液位上升至 80% 或含氧气量上升到 8%，应联锁停车，继续加大氮气量，同时关闭氧气调节阀。取样分析氧化液成分，确认无问题时，再次投氧气开车。

⑧ 第二氧化塔投氧气开车

a. 调整 PIC112A 开度，使 T102 的压力保持在 0.1MPa（表）。

b. 当 T101 液位升高到 50% 后，全开 LIC101 向塔 T102 出料，同时打开 T102 塔底阀 V32，控制循环比（循环量：出料量）110～120，使换热器出口氧化液温度为 60℃，塔中物料最高温度为 75～78℃。

c. T102 有液后，打开塔底换热器 TIC108 的蒸汽保持温度在 80℃，控制液位 35%±5%，并向蒸馏系统出料。取 T102 塔氧化液分析。

d. 打开 FICSQ106，逐渐从塔 T102 底部通入氧气，塔顶氮气 FIC105 保持在 90m³/h。

由 T102 塔底部进氧气口，以最小的通氧气量投氧气，注意尾气含氧气量。在各项指标不超标的情况下，通氧气量逐渐加大到正常值。当氧化液温度升高时，表示反应在进行。停蒸汽开冷却水 TIC105、TIC106、TIC108、TIC109 使操作逐步稳定。

⑨ 吸收塔投用

a. 打开 V49，向塔中加工艺水湿塔，塔 T103 有液后，打开阀门 V50，向 V105 中备工艺水。

b. 开阀 V48，向 V103 中备料（碱液），备料超过 50% 后，关阀 V48。

c. 在氧化塔投氧气前先后打开 P103A/B 和阀门 V54，向 T103 中投用工艺水。

d. 投氧气后先后打开 P104A/B 和阀门 V47 向 T103 中投用吸收碱液，同时打开阀门 V46 回流碱液。

e. 如工艺水中乙酸含量达到 80% 时，打开阀门 V53 向精馏系统排放工艺水。

⑩ 氧化系统出料。当氧化液符合要求时，打开阀门 V44 向氧化液蒸发器 E201 出料。

任务二　停车操作训练

一、正常停车

① 将 FICSQ102 改成手动控制，关闭 FICSQ102，停止通入乙醛。

② 通过 FIC114 逐步将进氧气量下调至 1000m³/h。注意观察反应状况，一旦发现 LIC101 液位迅速上升或气相温度上升等现象，立即关闭 FIC114、FICSQ106，关闭 T101、T102 进氧阀，开启 V102 回料阀 V59。

③ 依次打开 T101、T102 塔底阀 V16、V33、V32，逐步退料到 V102 罐中，送精馏处理。停泵 P101A，将氧化系统退空。

二、事故停车

对装置在运行过程中出现的仪表和设备上的故障而引起的被迫停车，应进行事故停车处理。

① 首先关掉 FICSQ102、FIC112、FIC301 三个进料阀。然后关闭进氧气、进乙醛线上的阀。

② 根据事故的起因控制进氮量的多少，以保证尾气中含氧气量小于 5%（体积分数）。

③ 逐步关小冷却水直到塔内温度降为 60℃，关闭冷却水阀 TIC104A/B。

④ 第二氧化塔冷却水阀由下而上逐个关掉并保温 60℃。

任务三　正常运行管理及事故处理操作训练

一、正常操作

熟悉工艺流程，密切注意各工艺参数的变化，维持各工艺参数稳定。正常操作工艺参数见表 7-4、表 7-5。

表 7-4　第一氧化塔正常操作工艺参数

位号	正常值	单位	位号	正常值	单位
PIC109A/B	0.18～0.2	MPa	TI103A	77±1	℃
LIC101	35±15	%	TI103E	60±2	℃
FICSQ102	9860	kg/h	AIAS101A、B、C	<5	%
FICSQ106	2871	m³/h	AIAS102	92～95	%
FIC101	80	m³/h	AIAS103	<4	%
FIC104	110～140	m³/h			

表 7-5　第二氧化塔正常操作工艺参数

位号	正常值	单位	位号	正常值	单位
PIC112A/B	0.1±0.02	MPa	FIC105	60	m³/h
LIC102	35±15	%	AIAS104	>97	%
FICSQ106	0～160	m³/h	AIAS105	<5	%

二、事故处理

出现突发事故时，应分析事故产生的原因，并及时做出正确的处理（见表 7-6）。

表 7-6 事故处理

事 故 现 象	主 要 原 因	处 理 方 法
T101 塔进乙醛流量计严重波动，液位波动，顶压突然上升，尾气含氧气量增加	T101 进塔乙醛球罐中物料用完	关小氧气阀及冷却水阀，同时关掉进乙醛线，及时切换球罐补加乙醛直至恢复反应正常。严重时可停车
T102 塔中含乙醛高，氧气吸收不好，出现跑氧气	催化剂循环时间过长。催化剂中混入高沸物，催化剂循环时间较长时，含量较低	打开 V3，补加新催化剂。增加催化剂用量
T101 塔顶压力逐渐升高并报警，反应液出料及温度正常	尾气排放不畅，放空调节阀失控或损坏	①打开 PIC109B 阀②将 PIC109A 阀改为手动③关闭 PIC109A 阀，调 T101 顶压力至0.2MPa
T102 塔顶压力逐渐升高，反应液出料及温度正常	T102 塔尾气排放不畅	①打开 PIC112B 阀②将 PIC112A 阀改为手动控制③关闭 PIC112A 阀，调整 T102 顶压力至 0.1MPa
T101 塔内温度波动大，其他方面都正常	冷却水阀调节失灵	①TIC104A 改为手动控制②关闭 TIC104A③同时打开 TIC104B，并改投自动
T101 塔液面波动较大，无法自控	循环泵故障，或氮气压力引起	①关闭泵 P101A②打开泵 P101B
T101 塔或 T102 塔尾气含氧气量超限	氧气、乙醛进料配比失调，催化剂失去活性	开 V3，并调节好氧气和乙醛配比

思考题

1. 第一氧化塔中的氧化液温度控制在什么范围？通过什么来实现？

2. 第二氧化塔中通氧气的目的是什么？如何控制其流量？

3. 水洗氧化塔的目的是什么？反应中的催化剂一般是什么？一般为多大进料量？

4. 在配制氧化液过程中，如何控制第一氧化塔中液体不溢出？此控制步骤在实际反应中可行吗？为什么？

5. 第二氧化塔的温度如何控制？

6. 配制碱液的目的是什么？

项目二　CO_2 压缩工段

　　合成氨装置的原料气 CO_2 经本单元压缩做功后送往下一工段尿素合成工段，采用的是以汽轮机驱动的四级离心压缩机。机组主要由压缩机主机、驱动机、润滑油系统、控制油系统和防喘振装置组成。离心式压缩机中，气体经过一个叶轮压缩后压力的升高是有限的，因此在要求升压较高的情况下，通常都由许多级叶轮一个接一个、连续地进行压缩，直到最末一级出口达到所要求的压力为止。压缩机的叶轮数越多，所产生的总压头越大。

一、流程简介

来自合成氨装置的原料气 CO_2 由 FR8103 计量，进入 CO_2 压缩机一段分离器 V111，在此分离掉 CO_2 气相中夹带的液滴后进入 CO_2 压缩机的一段入口，经过一段压缩后，CO_2 压力上升为 0.38MPa，温度为 190℃，进入一段冷却器 E119 用循环水冷却到 43℃。为了保证尿素装置防腐所需氧气，在 CO_2 进入 E119 前加入适量来自合成氨装置的空气，流量由 FRC8101 调节控制。CO_2 气中氧含量为 0.25%～0.30%，在二段分离器 V119 中分离掉液滴后进入二段进行压缩，二段出口 CO_2 压力为 1.866MPa，温度为 225℃，然后进入二段冷却器 E120 冷却到 43℃，并经三段分离器 V120 分离掉液滴后进入三段。在三段入口设计有段间放空阀，便于低压缸 CO_2 压力控制和快速泄压，CO_2 经三段压缩后压力升到 8.046MPa，温度为 214℃，进入三段冷却器 E121 中冷却。为防止 CO_2 过度冷却而生成干冰，在三段冷却器冷却水回水管线上设计有温度调节控制器 TIC8111，用此控制器来控制四段入口 CO_2 温度在 50～55℃之间。冷却后的 CO_2 进入四段压缩后压力升到 15.5MPa，温度为 121℃，进入尿素高压合成系统。为防止 CO_2 压缩机高压缸超压、喘振，在四段出口管线上设计有四回一阀 HV8162（即 HIC8162）。

CO_2 压缩 DCS 图如图 7-8 所示，CO_2 压缩现场图如图 7-9 所示，压缩机透平油系统 DCS 图如图 7-10 所示，压缩机透平油系统现场图如图 7-11 所示。

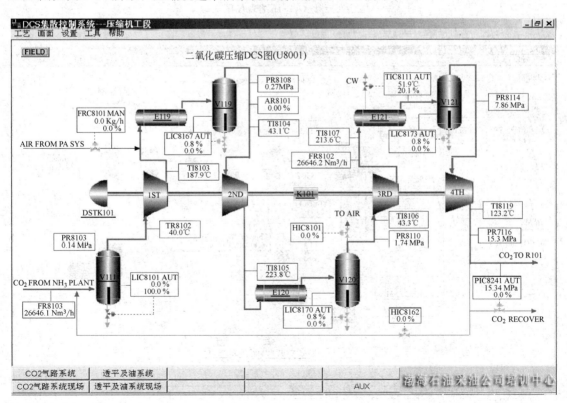

图 7-8　CO_2 压缩 DCS 图

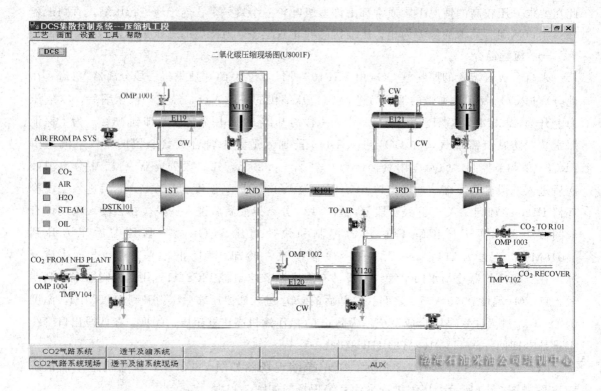

图 7-9　CO_2 压缩现场图

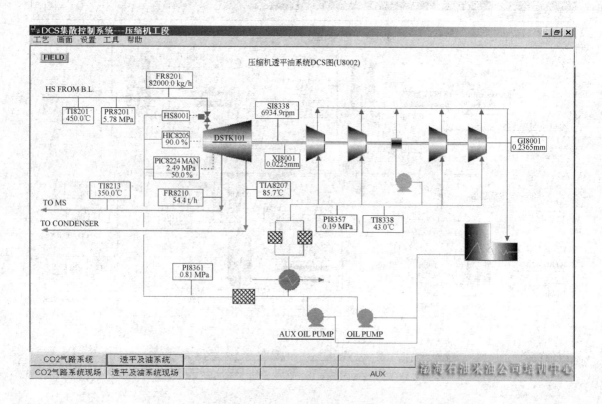

图 7-10　压缩机透平油系统 DCS 图

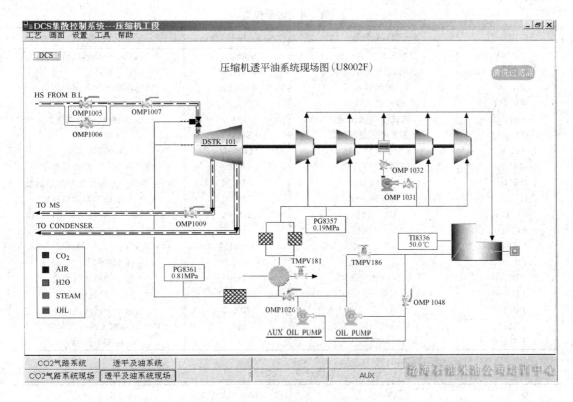

图 7-11 压缩机透平油系统现场图

二、主要设备、显示仪表和现场阀说明

1. 主要设备（见表 7-7）

表 7-7 主要设备

设备位号	设备名称	设备位号	设备名称
E119	CO_2 一段冷却器	V121	CO_2 四段分离器
E120	CO_2 二段冷却器	DSTK101	CO_2 压缩机组透平
E121	CO_2 三段冷却器	K101	变速箱
V111	CO_2 一段分离器	OIL PUMP	主油泵
V119	CO_2 二段分离器	AUX OIL PUMP	辅油泵
V120	CO_2 三段分离器		

2. 显示仪表（见表 7-8）

3. 现场阀（见表 7-9）

任务一　开车操作训练

一、引循环水操作

① 打开 E119 循环水阀 OMP1001，引入循环水；

② 打开 E120 循环水阀 OMP1002，引入循环水；

③ 打开 E121 循环水阀 TIC8111，引入循环水。

二、CO_2 压缩机油系统开车操作

① 在辅助控制盘上启动油箱油温控制器，将油温升到 40℃ 左右；

② 打开油泵的前切断阀 OMP1026；

表 7-8　显示仪表

位号	显示变量	位号	显示变量
AR8101	V119 出口含氧量	PR8201	入透平中压蒸汽压力
FRC8101	二段空气补加流量	PIC8224	出透平中压蒸汽压力
FR8102	三段出口流量	PIC8241	CO_2 压缩机四段出口压力
FR8103	CO_2 吸入流量	PI8357	CO_2 压缩机油滤器出口压力
FR8201	入透平蒸汽流量	PI8361	CO_2 压缩机控制油压力
FR8210	出透平中压蒸汽流量	SI8335	压缩机转速
GI8001	压缩机轴位移	TR8102	CO_2 原料气温度
HIC8101	段间放空阀开度	TI8103	CO_2 压缩机一段出口温度
HIC8162	四回一防喘振阀开度	TI8104	CO_2 压缩机一段冷却器出口温度
HIC8205	调速阀开度	TI8105	CO_2 压缩机二段出口温度
LIC8101	V111 液位	TI8106	CO_2 压缩机二段冷却器出口温度
LIC8167	V119 液位	TI8107	CO_2 压缩机三段出口温度
LIC8170	V120 液位	TIC8111	CO_2 压缩机三段冷却器出口温度
LIC8173	V121 液位	TI8119	CO_2 压缩机四段出口温度
PR8103	CO_2 入透平压力	TI8201	入透平中压蒸汽温度
PR8108	CO_2 压缩机一段出口压力	TIA8207	出透平冷凝水温度
PR8110	CO_2 压缩机二段出口压力	TI8213	出透平中压蒸汽温度
PR8114	CO_2 压缩机三段出口压力	TI8338	CO_2 压缩机油冷器出口温度
PR8116	CO_2 出透平压力	XI8001	压缩机振动

表 7-9　现场阀

位号	名称	位号	名称
OMP1001	E119 开循环水阀	OMP1026	油泵的前切断阀
OMP1002	E120 开循环水阀	OMP1031	盘车泵的前切断阀
OMP1003	CO_2 出口阀	OMP1032	盘车泵的后切断阀
OMP1004	CO_2 进料总阀	OMP1048	油泵的后切断阀
OMP1005	蒸汽至压缩机总阀	TMPV102	CO_2 放空截止阀
OMP1006	入界区蒸汽副线阀	TMPV104	CO_2 进口控制阀
OMP1007	主蒸汽管线上的切断阀	TMPV181	油冷器冷却水阀
OMP1009	透平抽出截止阀	TMPV186	油泵回路阀

③ 打开油泵的后切断阀 OMP1048；

④ 从辅助控制盘上开启主油泵 OIL PUMP；

⑤ 调整油泵回路阀 TMPV186，将控制油压力控制在 0.9MPa 以上。

三、盘车

① 开启盘车泵的前切断阀 OMP1031；

② 开启盘车泵的后切断阀 OMP1032；

③ 从辅助控制盘启动盘车泵；

④ 在辅助控制盘上按盘车按钮盘车至转速大于 150r/min；

⑤ 检查压缩机有无异常响声，检查振动、轴位移等。

四、停止盘车

① 在辅助控制盘上按盘车按钮停盘车；

② 从辅助控制盘停盘车泵；

③ 关闭盘车泵的后切断阀 OMP1032；

④ 关闭盘车泵的前切断阀 OMP1031。

五、暖管暖机

① 在辅助控制盘上点辅油泵自动启动按钮，将辅油泵设置为自启动；

② 打开入界区蒸汽副线阀 OMP1006，准备引蒸汽；

③ 打开蒸汽透平主蒸汽管线上的切断阀 OMP1007，压缩机暖管；

④ 打开 CO_2 放空截止阀 TMPV102；

⑤ 打开 CO_2 出口压力控制阀 PIC8241；

⑥ 透平入口管道内蒸汽压力上升到 5.0MPa 后，开入界区蒸汽阀 OMP1005；

⑦ 关副线阀 OMP1006；

⑧ 打开 CO_2 进料总阀 OMP1004；

⑨ 全开 CO_2 进口控制阀 TMPV104；

⑩ 打开透平抽出截止阀 OMP1009；

⑪ 从辅助控制盘上按一下 RESET 按钮，准备冲转压缩机；

⑫ 打开透平速关阀 HS8001；

⑬ 逐渐打开阀 HIC8205，将转速 SI8335 提高到 1000r/min，进行低速暖机；

⑭ 控制转速 1000r/min，暖机 15min（模拟为 2min）；

⑮ 打开油冷器冷却水阀 TMPV181；

⑯ 暖机结束，将机组转速缓慢提到 2000r/min，检查机组运行情况；

⑰ 检查压缩机有无异常响声，检查振动、轴位移等；

⑱ 控制转速 2000r/min，停留 15min（模拟为 2min）。

六、过临界转速

① 继续升大 HIC8205，将机组转速缓慢提到 3000r/min，停留 15min（模拟为 2min），准备过临界转速（3000～3500r/min）；

② 继续开大 HIC8205，用 20～30s 的时间将机组转速缓慢提到 4000r/min，通过临界转速；

③ 逐渐打开 PIC8224 到 50%；

④ 缓慢关小段间放空阀 HIC8101 至 72%；

⑤ 将 V111 液位控制 LIC8101 投自动，设定值在 20% 左右；

⑥ 将 V119 液位控制 LIC8167 投自动，设定值在 20% 左右；

⑦ 将 V120 液位控制 LIC8170 投自动，设定值在 20% 左右；

⑧ 将 V121 液位控制 LIC8173 投自动，设定值在 20% 左右；

⑨ 将 TIC8111 投自动，设定值在 52℃ 左右。

七、升速升压

① 继续开大 HIC8205，将机组转速缓慢提到 5500r/min；

② 缓慢关小段间放空阀 HIC8101 到 50%；

③ 继续开大 HIC8205，将机组转速缓慢提到 6050r/min；

④ 缓慢关小段间放空阀 HIC8101 到 25%；

⑤ 缓慢关小四回一阀 HIC8162 到 75%；

⑥ 继续开大 HIC8205，将机组转速缓慢提到 6400r/min；

⑦ 缓慢关闭段间放空阀 HIC8101；

⑧ 缓慢关闭四回一阀 HIC8162；

⑨ 继续开大 HIC8205，将机组转速缓慢提到 6935r/min；

⑩ 调整 HIC8205，将机组转速 SI8335 稳定在 6935r/min。

八、投料

① 逐渐关小 PIC8241，缓慢提升压缩机四段出口压力到 14.4MPa，平衡合成系统压力；

② 打开 CO_2 出口阀 OMP1003；

③ 继续手动关小 PIC8241，缓慢提升压缩机四段出口压力到 15.4MPa，将 CO_2 引入合成系统；

④ 当 PIC8241 稳定控制在 15.4MPa（表）左右后，投自动，设定值为 15.4MPa（表）。

任务二　停车操作训练

一、CO_2 压缩机停车

① 调节 HIC8205 将转速降至 6500r/min；

② 调节 HIC8162，将负荷减至 21000m³/h（标准）；

③ 继续调节 HIC8162 抽汽与注汽量，直至 HIC8162 全开；

④ 手动缓慢打开 PIC8241，将四段出口压力降到 14.5MPa 以下，CO_2 退出合成系统；

⑤ 关闭 CO_2 入合成总阀 OMP1003；

⑥ 继续开大 PIC8241 缓慢降低四段出口压力到 8.0～10.0MPa；

⑦ 调节 HIC8205 将转速降至 6403r/min；

⑧ 继续调节 HIC8205 将转速降至 6052r/min；

⑨ 调节 HIC8101，将四段出口压力降至 4.0MPa；

⑩ 继续调节 HIC8205 将转速降至 3000r/min；

⑪ 继续调节 HIC8205 将转速降至 2000r/min；

⑫ 在辅助控制盘上按 STOP 按钮，停压缩机；

⑬ 关闭 CO_2 入压缩机控制阀 TMPV104；

⑭ 关闭 CO_2 入压缩机总阀 OMP1004；

⑮ 关闭蒸汽抽出至 MS 总阀 OMP1009；

⑯ 关闭蒸汽至压缩机总阀 OMP1005；

⑰ 关闭压缩机蒸汽入口阀 OMP1007。

二、油系统停车

① 从辅助控制盘上取消辅油泵自启动；

② 从辅助控制盘上停运主油泵；

③ 关闭油泵后切断阀 OMP1048；

④ 关闭油泵前切断阀 OMP1026；

⑤ 关闭油冷器冷却水阀 TMPV181；

⑥ 从辅助控制盘上停油温控制。

任务三　正常运营管理及事故处理操作训练

一、正常操作

熟悉工艺流程，维持各工艺参数稳定，密切注意各工艺参数的变化，正常操作工艺参数见表 7-10。

表 7-10　正常操作工艺参数

位号	正常值	单位	位号	正常值	单位
TR8102	40	℃	TIC8111	52	℃
TI81031	90	℃	TI8119	121	℃
PR8108	0.28	MPa(表)	PIC8241	15.4	MPa(表)
TI8104	43	℃	PIC8224	2.5	MPa(表)
FRC8101	330	kg/h	FR8201	82	t/h
FR8103	27000	m³/h(标准)	FR8210	54.4	t/h
FR8102	27330	m³/h(标准)	TI8213	350	℃
AR8101	0.25~0.3	%	TI8338	43	℃
TI8105	225	℃	PI8357	0.25	MPa(表)
PR8110	1.8	MPa(表)	PI8361	0.95	MPa(表)
TI8106	43	℃	SI8335	6935	r/min
TI8107	214	℃	XI8001	0.022	mm
PR8114	8.02	MPa(表)	GI8001	0.24	mm

二、事故处理

出现突发事故时，应分析事故产生的原因，并及时做出正确的处理（见表 7-11）。

表 7-11　事故处理

事故名称	主要现象	处理方法
压缩机振动大	入口气量过小	打开防喘振阀 HIC8162,开大入口控制阀开度
	出口压力过高	打开防喘振阀 HIC8162,开大四段出口排放调节阀开度
	操作不当,开关阀门动作过大	打开防喘振阀 HIC8162,消除喘振后再精心操作
油泵出口过滤器堵塞	压缩机辅助油泵自动启动	①关小油泵回路阀 ②按过滤器清洗步骤清洗油过滤器 ③从辅助控制盘停辅助油泵
压缩机转速偏低	①四段出口压力偏低 ②CO₂ 打气量偏少	①将转速调到 6935r/min ②关闭防喘振阀 ③关闭压力控制阀 PIC8241
压缩机发生喘振	压缩机因喘振发生联锁跳车	①关闭 CO₂ 去尿素合成总阀 OMP1003 ②在辅助控制盘上按一下 RESET 按钮 ③按冷态开车步骤中暖管暖机冲转开始重新开车
冷却水控制阀 TIC8111 未投自动	压缩机三段冷却器出口温度过低	①关小冷却水控制阀 TIC8111,将温度控制在 52℃左右 ②控制稳定后将 TIC8111 设定在 52℃投自动

思考题

1. 压缩机振动过大主要由哪些因素引起的？

2. 采取哪些措施可以预防压缩机振动过大事故的发生？

3. 压缩机辅助油泵自动启动的原因有哪些？如何预防？

4. 四段出口压力偏低，CO₂ 打气量偏少等故障发生的原因有哪些？如何预防？

5. 压缩机三段冷却器出口温度过低现象发生的原因有哪些？如何预防？

6. 什么是离心式压缩机的临界转速？

项目三　丙烯聚合工段

聚丙烯是一种通用合成树脂，是无嗅、无味、无毒的乳白色粒状或粉状产品，具有优良的力学性能、耐热性能、电绝缘性，广泛应用于化工、化纤、建筑、包装、民用塑料制品等各个领域。

丙烯原料经 D001A/B 固碱脱水器粗脱水、D002 羰基硫水解器、D003 脱硫器加热除去羰基硫及硫化氢，然后进入两条可互相切换的脱水、脱氧、再脱水的精制线（D004A/B 氧化铝脱水器、D005A/B Ni 催化剂脱氧器、D006A/B 分子筛脱水器）。经上述精制处理后的丙烯中水分脱至 10×10^{-6} 以下，硫脱至 0.1×10^{-6} 以下，然后进入丙烯罐 D007，经 P002A/B 丙烯加料泵打入聚合釜。

高效载体催化剂系统由 A 催化剂（Ti 催化剂）、B 催化剂（三乙基铝）及 C 催化剂（硅烷）组成。A 催化剂由 Z101A/B（A 催化剂加料器）加入预聚釜 D200。B 催化剂存放在 D101（B 催化剂计量罐）中，经 P101A/B（B 催化剂计量泵）加入预聚釜 D200。B 催化剂以 100% 浓度加入 D200，这样做的好处是可以降低干燥器入口挥发分的含量，但安全上要特别注意，管道的安装、验收要特别严格，因为一旦泄漏就会着火。C 催化剂的加入量非常少，必须先在 D110A/B（C 催化剂计量罐）中配制成 15% 的己烷溶液，然后用 P104A/B（C 催化剂计量泵）打入预聚釜 D200。

丙烯、A 催化剂、B 催化剂、C 催化剂先在预聚釜 D200 中进行预聚合反应，预聚压力 $3.1 \sim 3.96$MPa，温度低于 20℃。然后进入第一、二反应器（D201、D202），在液态丙烯中进行淤浆聚合，聚合压力 $3.1 \sim 3.96$MPa，温度为 $67 \sim 70$℃。由 D202 排出的淤浆直接进入第三反应器 D203 进行气相聚合，聚合压力 $2.8 \sim 3.2$MPa，温度为 80℃。

聚合物与丙烯气依靠自身的压力离开第三反应器 D203，进入旋风分离器 D301、D302-1/2。分离聚合物之后的丙烯气相经油洗塔 T301 洗去低聚物、烷基铝、细粉料后，经压缩机 C301 加压与 D203 未反应丙烯一起，进入高压丙烯洗涤塔 T302，分离去烷基铝、氢气之后的丙烯回至丙烯罐 D007。将 T302 塔底的含烷基铝、低分子聚合物、己烷及丙烷成分较高的丙烯送至气体分离器，以平衡系统内的丙烯浓度，一部分重组分及粉料汽化后回至 T301 入口，T302 的气相进丙烯回收塔 T303 回收丙烯。

一、流程简介

本单元仿真培训软件仿真范围是丙烯聚合反应单元（200 单元），而丙烯原料的精制单元（000 单元）、催化剂的配制与计量单元（100 单元）、丙烯回收及产品的汽蒸干燥单元（300 单元）等工段不在本软件仿真范围内。装置仿真培训系统以仿 DCS 操作为主，而对现场操作进行适当简化，以能配合内操（DCS）操作为准则，并能实现全流程的开工、正常运行、停工及事故处理操作；调节阀的前、后阀及旁通阀如无特殊需要不进行模拟；泵的后阀如无特殊需要不进行模拟。对于一些现场的间歇操作（如化学药品配制等）不进行仿真模拟。其中，开工操作从各装置进料开始（假设进料前的开工准备工作全部就绪）。

公用工程系统及其附属系统不进行过程定量模拟，只进行部分事故定性仿真（如仿突然停水、电、汽、风；工艺联锁停车；安全紧急事故停车）；压缩机的油路和水路等辅助系统不进行仿真模拟。

丙烯聚合反应单元包含丙烯的预聚合、第一反应器液相淤浆聚合、第二反应器液相淤浆聚合以及第三反应器的气相聚合等工段。丙烯聚合工段总貌图、丙烯预聚合现场图、丙烯预聚合 DCS 图、第一反应器现场图、第一反应器 DCS 图、第二反应器现场图、第二反应器 DCS 图、第三反应器现场图、第三反应器 DCS 图分别如图 7-12～图 7-20 所示。

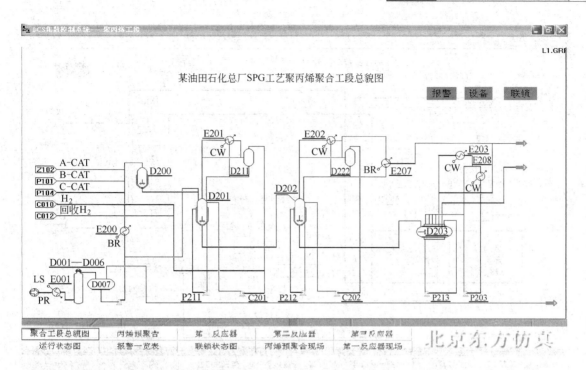

图 7-12 丙烯聚合工段总貌图

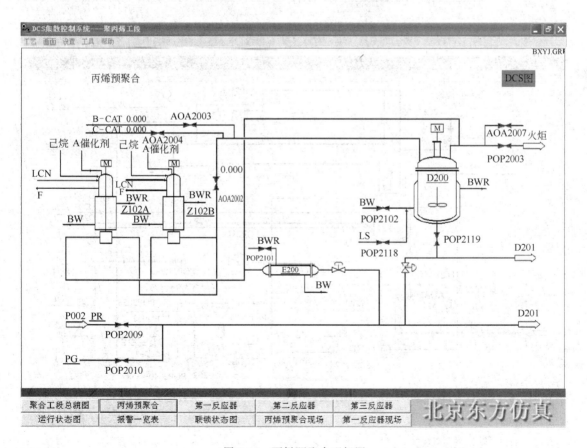

图 7-13 丙烯预聚合现场图

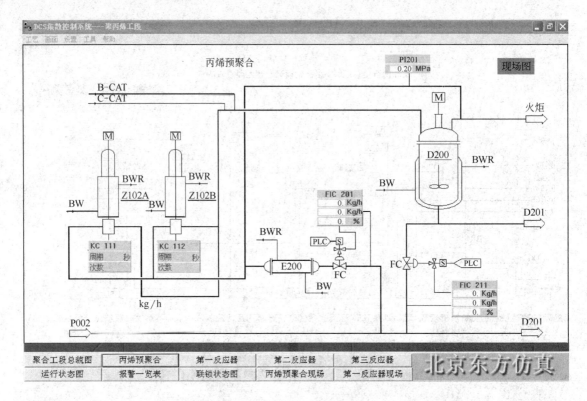

图 7-14　丙烯预聚合 DCS 图

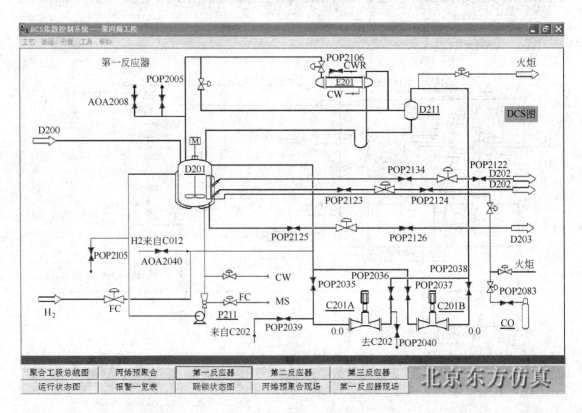

图 7-15　第一反应器现场图

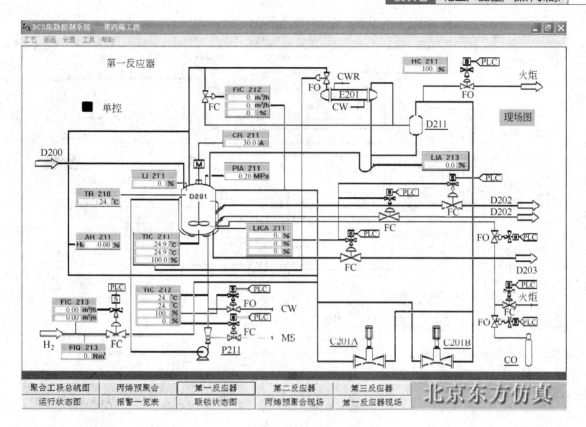

图 7-16　第一反应器 DCS 图

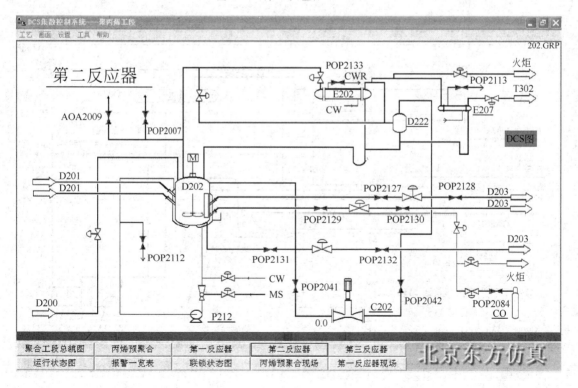

图 7-17　第二反应器现场图

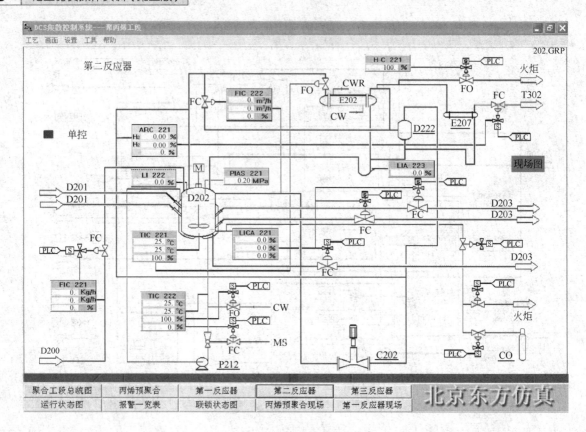

图 7-18 第二反应器 DCS 图

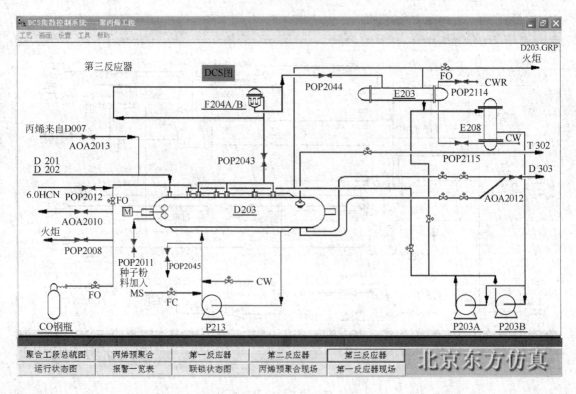

图 7-19 第三反应器现场图

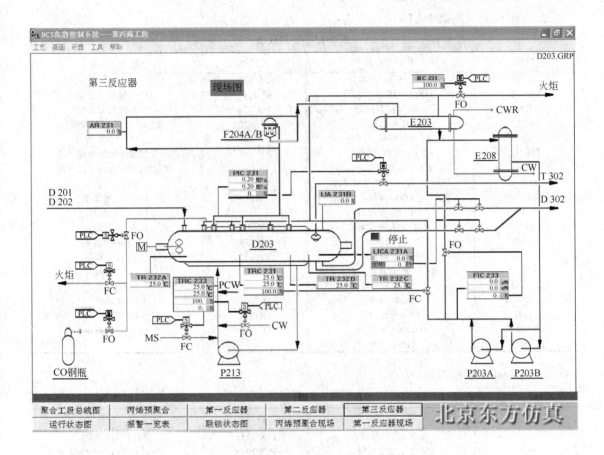

图 7-20 第三反应器 DCS 图

二、主要设备、显示仪表和现场阀说明

1. 主要设备（见表 7-12）

表 7-12 主要设备

设备位号	设备名称	设备位号	设备名称
C201A/B	D201 循环风机	E001	丙烯预热器
C202	D202 循环风机	E200	丙烯冷却器
D001	固碱脱水器	E201	第一反应器冷却器
D002	羰基硫水解器	E202	第二反应器冷却器
D003	脱硫器	E203	第三反应器冷却器
D004	氧化铝脱水器	E207	第二反应器尾气冷却器
D005	Ni 催化剂脱氧器	E208	第三反应器冷却器
D006	分子筛脱水器	F204A/B	丙烯过滤器
D007	丙烯罐	P002A/B	丙烯加料泵
D200	预聚釜	P203A/B	丙烯凝液泵
D201	第一反应釜	P211	第一夹套水泵
D202	第二反应釜	P212	第二夹套水泵
D203	第三反应釜	P213	第三夹套水泵
D211	丙烯凝液罐	Z102A/B	A 催化剂加料器
D222	丙烯凝液罐		

2. 显示仪表（见表 7-13）

表 7-13　显示仪表

位 号	显 示 变 量	位 号	显 示 变 量
AH211	D201 气相 H_2 组分	FIC213	D201 加氢量
ARC221	D202 气相 H_2 组分	FIQ213	D201 加氢累计量
AR231	D203 气相 H_2 组分	FIC221	进 D202 丙烯流量
CR211	D201 电机电流	FIC222	进 D202 循环气流量
FIC201	进 D200 丙烯总流量	FIC233	P203A/B 出口流量
FIC211	进 D201 丙烯流量	HC211	D201 气相压力调节阀开度
FIC212	进 D201 循环气流量	HC221	D202 气相压力调节阀开度
HC231	D203 气相压力调节阀开度	PIC231	D203 压力
LI211	D201 液位	TR210	D201 气相温度
LICA211	D201 液位	TIC211	D201 液相温度
LIA213	D201 回流液管液位	TIC212	P211 出口温度
LICA221	D202 液位	TIC221	D202 液相温度
LI222	D202 液位	TIC222	P212 出口温度
LIA223	D202 回流液管液位	TRC231	D203 温度
LICA231A	D203 料位	TR232A	D203 温度
LIA231B	D203 料位	TR232B	D203 温度
PI201	D200 压力	TR232C	D203 温度
PIA211	D201 压力	TRC233	P213 出口温度
PIAS221	D202 压力		

3. 现场阀（见表 7-14）

表 7-14　现场阀

位 号	名 称	位 号	名 称
AOA2002	A 催化剂加料阀	POP2045	P213 后泄液阀
AOA2003	B 催化剂加料阀	POP2083	D201 CO 钢瓶出口阀
AOA2004	C 催化剂加料阀	POP2084	D202 CO 钢瓶出口阀
AOA2007	D200 放火炬阀	POP2101	E200 冷却水阀
AOA2008	D201 放火炬阀	POP2102	D200 夹套冷却水阀
AOA2009	D202 放火炬阀	POP2105	P211 后泄液阀
AOA2010	D203 放火炬阀	POP2106	E201 冷却水阀
AOA2013	D007 来气相丙烯阀	POP2112	P212 后泄液阀
AOA2040	D201 氢气进料阀	POP2113	E207 冷却水阀
POP2003	D200 放火炬阀	POP2114	E203 冷却水出口阀
POP2005	D201 放火炬阀	POP2115	E203 冷却水入口阀
POP2007	D202 放火炬阀	POP2118	D200 蒸汽阀
POP2008	D203 放火炬阀	POP2119	D200 釜底出料阀
POP2009	液态丙烯进料阀	POP2122	LV211A 后阀
POP2010	气态丙烯进料阀	POP2123	LV211B 前阀
POP2011	种子粉料加入阀	POP2124	LV211B 后阀
POP2012	D203 高压氮气阀	POP2125	LV211C 前阀
POP2035	C201A 出口阀	POP2126	LV211C 后阀
POP2036	C201A 入口阀	POP2127	LV221A 前阀
POP2037	C201B 出口阀	POP2128	LV221A 后阀
POP2038	C201B 入口阀	POP2129	LV221B 前阀
POP2039	C202 到 D201 手阀	POP2130	LV221B 后阀
POP2040	C201A 前泄液阀	POP2131	LV221C 前阀
POP2041	C202 入口阀	POP2132	LV221C 后阀
POP2042	C202 出口阀	POP2133	E202 冷却水阀
POP2043	D203 气相至 F204A/B 手阀	POP2134	LV211A 前阀
POP2044	D203 气相至 E203 手阀		

任务一　开车操作训练

一、种子粉料加入D203

① 按下种子粉料加入按钮 POP2011；

② 料位到 10％后，关闭阀门 POP2011；

③ 开高压氮气阀 POP2012 充压；

④ 当 D203 充压至 0.5MPa，关闭高压氮气阀；

⑤ 打开 D203 气相至 E203 手阀 POP2043/POP2044，开 HC231；

⑥ 压力降至 0.05MPa 后，关 HC231；

⑦ 启动 D203 搅拌。

二、丙烯置换

① 现场启动气态丙烯进料阀 POP2010；

② 引气态丙烯进系统 D200 置换；

③ 打开阀门 FIC201 将丙烯引入 D200；

④ 待压力达 0.5MPa 后关闭 FIC201；

⑤ 打开现场火炬阀 POP2003（AOA2007）放空至压力为 0.05MPa；

⑥ 关闭现场火炬阀 POP2003（AOA2007）。

三、D201 置换

① 打开阀门 FIC211，将气态丙烯引入 D201；

② 打开阀门 FIC212；

③ 打开 C201A/B 入口阀；

④ 打开 C201A/B 出口阀；

⑤ 启动 C201A/B，调节转速；

⑥ 当 PIA211 达 0.5MPa 时，关闭阀门 FIC211；

⑦ 停 D201 风机 C201/C202；

⑧ 打开阀门 HC211 放空；

⑨ 当压力为 0.05MPa 时，关 HC211。

四、D202 置换

① 打开阀门 FIC221，将气态丙烯引入 D202；

② 打开 FIC222；

③ 打开 C202 入口阀；

④ 打开 C202 出口阀；

⑤ 启动 C202，调整转速；

⑥ 当 PIAS221 达 0.5MPa 时，关闭 FIC221；

⑦ 停 C202；

⑧ 打开阀门 HC221 放空；

⑨ 当压力降至 0.05MPa，关阀 HC221。

五、D203 置换

① 现场打开气相丙烯阀 D007；

② 充压至 0.5MPa 后，关此 D007；

③ 打开 HC231 阀，放空；

④ 当 PIC231 压力为 0.05MPa 后，关 HC231。

六、D200 升压

① 打开 FIC201，升压；

② 当 PI201 指示为 0.7MPa 后，关 FIC201。

七、D201 升压

① 打开 FIC211 引气态丙烯；

② 当 PIA211 指示为 0.7MPa 后，关 FIC211。

八、D202 升压

① 打开 FIC221 引气态丙烯；

② 当 PIAS221 指示为 0.7MPa 后，关 FIC221。

九、向 D200 加液态丙烯

① 打开液态丙烯进料阀 POP2101；

② 打开 E200 BWR 入口阀；

③ 打开 D200 夹套 BW 入口阀；

④ 打开 FIC201，向 D200 引入液态丙烯；

⑤ 启动 D200 搅拌；

⑥ 当 PI201 指示为 3.0MPa 时，开现场釜底阀 POP2125。

十、向 D201 加液态丙烯

① 打开 FIC211，向 D201 进液态丙烯；

② 启动 D201 搅拌；

③ 现场打开 E201 CWR 入口阀；

④ 打开 LICA211 前、后手阀；

⑤ 打开 C201A/B 入口阀 POP2035/POP2037；

⑥ 打开 C201A/B 出口阀 POP2036/POP2038；

⑦ 打开 C201A/B；

⑧ 调节 FIC212 为 45m³/h；

⑨ 打开 MS 阀，使釜底 TIC212 升温；

⑩ 调节 TIC211，控制釜温为 65℃。

十一、向 D202 加液态丙烯

① 打开 FIC221，向 D202 进液态丙烯；

② 打开阀门 POP2134；

③ 打开阀门 POP2122；

④ 打开 LICA211，向 D202 进液态丙烯；

⑤ 启动 D202 搅拌；

⑥ 现场打开 E202 CWR 入口阀 POP2133，打开 E207 CW 入口阀 POP2113；

⑦ 打开 C202 入口阀 POP2041；

⑧ 打开 C202 出口阀 POP2042；

⑨ 启动 C202;

⑩ 调节 FIC222 为 40m³/h;

⑪ 釜底 TIC222 升温,控制釜温为 60℃;

⑫ 调节 FIC221 冲洗进料量为 500kg/h;

⑬ 调节 FIC222 冲洗进料量为 40m³/h,使 D201 液位达到 30% 以上。

十二、向 D203 加液态丙烯

① 当 D202 出料至 D203 后,即为 D203 进液态丙烯;

② 开 E203 CWR 入口阀 POP2044;

③ 开 E208 CWR 出口阀 POP2115;

④ 启动 P213;

⑤ 打开 MS 阀,釜底 TRC233 升温;

⑥ 调整 TRC231,控制釜温为 80℃;

⑦ 启动 P203A。

十三、加氢

打开 FIC213,加氢至 D201。

十四、向系统加催化剂

① 现场调节 C-CAT 进反应釜 D200;

② 中控全线联锁投用,阻聚剂 CO 加入系统,现场打开 CO 管线手阀 POP2083、POP2084;

③ 现场调节 B-CAT 进反应釜 D200;

④ 现场调节 A-CAT 进反应釜 D200。

任务二 停车操作训练

一、正常停车

1. 停催化剂进料

① 停催化剂 A;

② 停催化剂 B;

③ 停催化剂 C;

④ 停止氢进入 D201,关 FIC213、AOA2040。

2. 维持三釜的平稳操作

① D201 夹套 CW 切换至 MS;

② 控制 D201 温度在 65~70℃;

③ D202 夹套 CW 切换至 MS;

④ 控制 D202 温度在 60~64℃;

⑤ D203 夹套 CW 切换至 MS;

⑥ 控制 D203 温度在 80℃左右。

3. D201、D202 排料

① 关闭丙烯进料阀 FIC201、FIC211、FIC221;

② 停 E200、D200 冷冻水;

③ 停 D200 搅拌；

④ 从 D201 向 D202 卸料；

⑤ 当 D201 倒空后，停止 D201 出料；

⑥ 停 D201 搅拌；

⑦ 停 C201、E201；

⑧ 从 D202 向 D203 卸料；

⑨ 当 D202 倒空后，停止 D202 出料；

⑩ 停 D202 搅拌；

⑪ 停 C202、E202、E207；

⑫ 当 D203 倒空后，关闭 LICA231A；

⑬ 停 P203、E203、E208；

⑭ 停 D203 搅拌；

⑮ 关闭阀 AV221、PV231。

4. 放空

① 打开 D200 放空阀；

② 打开 D201 放空阀；

③ 打开 D202 放空阀；

④ 打开 D203 放空阀。

二、紧急停车

① 联锁旁路（联锁复位）；

② 现场 CO 截止阀关闭；

③ 控制 D201 温度在 65℃；

④ 控制 D202 温度在 60℃；

⑤ 保持 D201、D202 的压差；

⑥ 关闭 FIC201、FIC211；

⑦ 停 E200、D200 夹套冷冻水；

⑧ 当 D201 排净后，关闭 LICA211；

⑨ 停 C201、E201，开 HC211；

⑩ 排净 D202 后，关闭 LICA221；

⑪ 停 C202、E203、E207，开 HC221；

⑫ 当 D203 物料排完后，停止排料；

⑬ 停 P203、E203、E208；

⑭ 开 D203 放空阀 HC231。

任务三　正常运营管理及事故处理操作训练

一、正常操作

熟悉工艺流程，密切注意各工艺参数的变化，维持各工艺参数稳定。正常操作工艺参数见表 7-15。

表 7-15 正常操作工艺参数

位 号	正常值	单 位	位 号	正常值	单 位
PI201	3.1/3.7	MPa	FIC222	40	m^3/h
FIC201	450	kg/h	LICA221	45	%
PIA211	3.0/3.6.	MPa	LI222	1848	mm
FIC211	2050	kg/h	LIA223	2000	mm
FIC212	45	m^3/h	TIC221	67	℃
LICA211	45	%	ARC221	0.24~9.4	%
LI211	45	%	PIC231	2.8	MPa
LIA213	10	%	FIC233	15	m^3/h
TR210	70	℃	LICA231A	900	mm
TIC211	70	℃	LICA231B	900	mm
AH211	0.24~9.4	%	TRC231	80	℃
PIAS221	3.0/3.6	MPa	TR232A/B	80	℃

二、事故处理

出现突发事故时，应分析事故产生的原因，并及时做出正确的处理（见表 7-16）。

表 7-16 事故处理

事故名称	主要现象	处理方法
停仪表风	仪表风停止供应,必须紧急全系统联锁停车	紧急停车
原料中断		紧急停车
氮气中断	造成干燥闪蒸单元不能正常操作	①关闭 LICA231 阀,停止向干燥系统放料 ②D201 隔离进行自循环 ③D202 隔离进行自循环 ④D203 隔离进行自循环
低压密封油中断	P812A/B 停泵,出口压力下降很大	紧急停车
D201 的温度、压力突然升高		①提高 TIC212 的 CW 阀开度,减少蒸汽 ②提高 FIC201 进料量
D203 的温度、压力突然升高		①关闭 TRC231 前、后手阀 ②开副线阀调整流量

思考题

1. 丙烯聚合分成哪几个工段？每个工段发生什么反应？

2. 反应温度突然发生变化可能是什么原因造成的？应如何处理？

3. 为什么要进行预聚合？

4. 单体聚合有哪几种方式？各有什么特点？

5. 丙烯聚合常用哪些溶剂？

6. 化学级丙烯和聚合级丙烯有什么区别？

项目四　氨合成工段

氨是一种含氮化合物，是基本化工产品之一，在国民经济中占有十分重要的地位。氨的用途很广，除氨本身可用作化肥外，还可以被加工成各种氮肥和含氮复合肥料，可用来制造硝酸、纯碱、氨基塑料、聚酰胺纤维、丁腈橡胶、磺胺类药物及其他含氮的无机和有机化合物。在国防和尖端科技部门，用氨来制造硝化甘油、硝化纤维、三硝基甲苯（TNT）、三硝基苯酚等，及导弹火箭推进剂和氧化剂等。在食品和冷冻工业中，氨是最好和最常用的冷冻剂。

氨的生产，依据原料的不同，有各种各样的生产流程。但无论采用何种流程，都可将生产方法归纳为以下三个主要步骤。

① 原料气的制取　即制备含有氢和氮的气体，最简单的方法是直接将水电解制氢及空气分离制氮，但此法电能消耗大、成本高，现在工业上普遍采用焦炭、无烟煤、天然气、石脑油、重油等含碳氢化合物的原料与水蒸气、空气作用的气化方法制取。

② 原料气的净化　无论选择什么原料制得的氢、氮原料气中都含有硫化合物、一氧化碳、二氧化碳等，这些杂质都是氨合成催化剂的毒物，因此在氢、氮原料气送氨合成之前，必须将其中的杂质去除。

③ 氨合成　将净化后的氢、氮混合气压缩至高压，在铁催化剂与高温条件下合成为氨。

一、流程简介

氨合成是整个氨生产的核心，该反应属气固相催化放热可逆反应，需在高温高压下进行。仿真工艺范围是氨合成工段和冷冻系统。

氨合成工艺流程各有不同，但也有许多相同之处，它由氨合成本身的特性所决定：由于受化学反应平衡限制，反应的转化率不高，有大量的 H_2、N_2 未反应，需循环使用，故氨合成是带循环的系统；氨合成的平衡氨含量取决于反应温度、压力、氢氮比及惰性气体含量，当这些条件一定时，平衡氨含量就是一个定值，即无论进口气体中有无氨存在，出口气体中氨含量总是一定值，因此反应后的气体中所含的氨必须进行冷凝分离，使循环回合成塔入口的混合气体中氨含量尽量少，以提高氨净值；由于循环，新鲜气中带入的惰性气体在系统中会不断积累，当其浓度达到一定值时，会影响反应的正常进行，即降低转化率和平衡氨含量，因此，必须将惰性气体的含量稳定在要求的范围内，需定期或连续地放空一些循环气；整个氨合成系统是高压系统，必须用压缩机加压，由于管道、设备的阻力，使得循环气与合成塔进口气产生压力差，故需采用循环压缩机来弥补压力降的损失。

1. 合成工段

净化后的新鲜气（40℃、2.6MPa、$H_2/N_2＝3:1$）经压缩前分离罐 104F 进合成气压缩机 103J 低压段。出低压段的气体先经换热器 106C 用甲烷化工段的原料气交换热量而得到冷却，使其温度降为 93.3℃，再经水冷器 116C 冷却至 38℃，最后，经氨冷器 129C 冷却至 7℃，与回收来的氢气混合进入中间分离罐 105F，分离出水后的氢气、氮气再进合成气压缩机高压段。合成回路来的循环气与经高压段压缩后的氢、氮气混合进压缩机循环段，从循环段出来的合成气进合成系统水冷器124C。经124C冷却后气体分为两股物流，一股经一级氨冷器117C和二级氨冷器118C冷却，另一股进并联换热器120C与分离氨后的冷气换热，然后两股气流合并进三级氨冷器119C冷却至−23.3℃，进氨分离器106F分离液氨，液氨送往冷冻中间闪蒸罐107F，106F分氨后的气体进并联换热器120C回收冷量后再进合成气热交换器121C升温至141℃后，进氨合成塔105D进行反应。出氨合成塔气体经锅炉给水预热器123C回收热量后，再进合成气热交换器121C预热，入塔合成氨气。出121C的反应气中的绝大部分送至压缩机103J第二级中间段补充压力，这就是循环回路。另一小部分反应气作为弛放气引出合成系统，以避免系统中惰性气体积累，因为这一部分混合气中的氨含量较高（约12%），故不能直接排放，而是先通过氨冷器125C及分离器108F将液氨回收后排放。

2. 冷冻系统

从氨分离器106F和弛放气分离器108F来的液氨进入中间闪蒸罐107F，闪蒸出的不凝性气体去净化系统。液氨减压送至三级闪蒸罐112F进一步闪蒸后，作为冷冻用的液氨进入系统中。冷冻的一、二、三级闪蒸罐操作压力（表压）分别为0.4MPa、0.16MPa、0.0028MPa。三台闪蒸罐与合成系统中的第一、二、三氨冷器相对应，它们是按热虹吸原理进行冷冻蒸发循环操作的。液氨由各闪蒸罐流入对应的氨冷器，吸热后的液氨蒸发形成的气

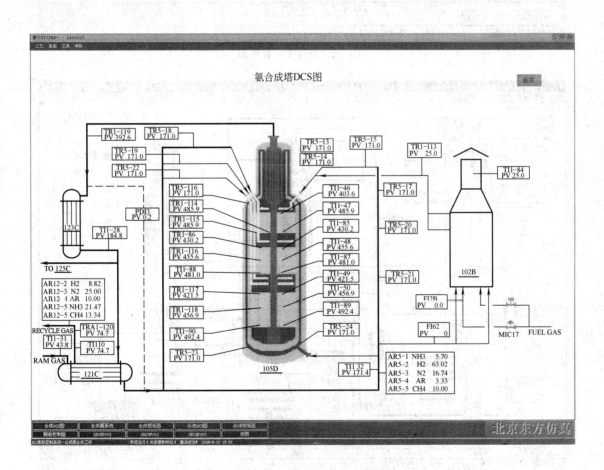

图 7-21　氨合成塔 DCS 图

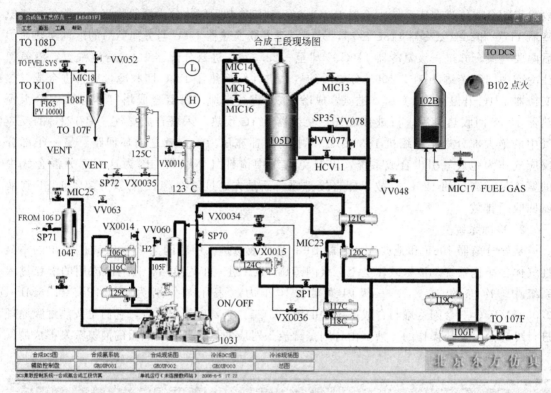

图 7-22　合成工段现场图

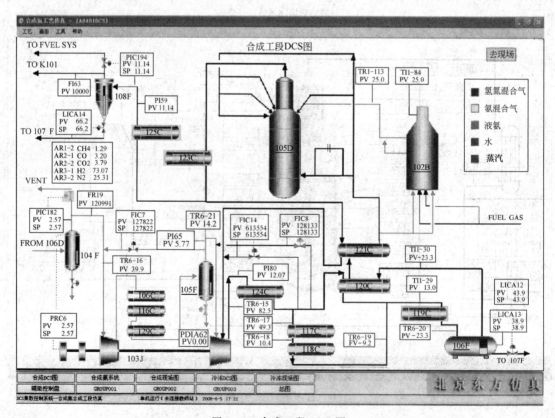

图 7-23　合成工段 DCS 图

液混合物又回到各闪蒸罐进行气液分离。氨气分别进氨压缩机 105J 各段气缸，液氨分别进各氨冷器。

由液氨接收罐 109F 来的液氨逐级减压后补到各闪蒸罐。一级闪蒸罐 110F 出来的液氨除送第一氨冷器 117C 外，另一部分作为合成气压缩机 103J 一段出口的氨冷器 129C 和闪蒸罐氨冷器 126C 的冷冻剂。氨冷器 129C 和 126C 蒸发的气氨进入二级闪蒸罐 111F，110F 剩余的液氨送往 111F。111F 的液氨除送第二氨冷器 118C 和弛放气氨冷器 125C 作为冷冻剂外，其余部分送往三级闪蒸罐 112F。112F 的液氨除送 119C 外，还可以由冷氨产品泵 109J 作为冷氨产品送液氨贮槽贮存。

由三级闪蒸罐 112F 出来的气氨进入氨压缩机 105J 一段压缩。一段出口与 111F 来的气氨汇合进入二段压缩。二段出口气氨先经压缩机中间冷却器 128C 冷却后，与 110F 来的气氨汇合进入三段压缩。三段出口的氨气经氨冷凝器 127C 冷凝。冷凝的液氨进入接收槽 109F。109F 中的闪蒸气去闪蒸罐氨冷器 126C；冷凝分离出来的液氨流回 109F；不凝性气体去净化系统。109F 中的液氨一部分减压后送至一级闪蒸罐 110F，另一部分作为热氨产品经热氨产品泵 1-3P-1/2 送往尿素装置。

氨合成塔 DCS 图如图 7-21 所示，合成工段现场图如图 7-22 所示，合成工段 DCS 图如图 7-23 所示，冷冻工段现场图如图 7-24 所示，冷冻工段 DCS 图如图 7-25 所示。

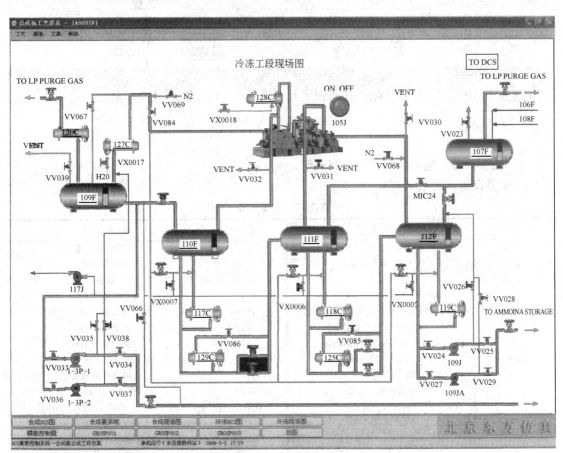

图 7-24　冷冻工段现场图

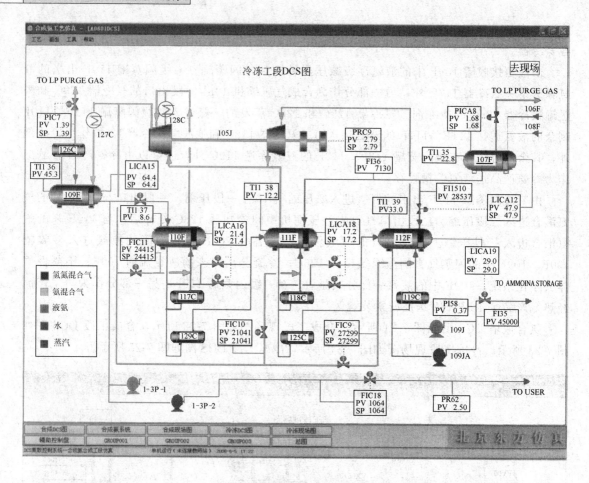

图 7-25 冷冻工段 DCS 图

二、主要设备、显示仪表及现场阀说明

1. 主要设备（见表 7-17）

表 7-17 主要设备

设备位号	设备名称	设备位号	设备名称
102B	开工加热炉	104F	压缩前分离罐
106C	甲烷化气体冷却器	105F	中间分离罐
116C	水冷器	106F	高压氨分离器
117C	原料气-循环气一级氨冷器	107F	冷冻中间闪蒸罐
118C	原料气-循环气二级氨冷器	108F	出气分离缸
119C	新鲜气-循环气三级氨冷器	109F	液氨接收罐
120C	合成塔进气-循环气换热器	110F	一级液氨闪蒸罐
121C	合成塔进气-出气换热器	111F	二级液氨闪蒸罐
123C	合成塔-锅炉给水换热器	112F	三级液氨闪蒸罐
124C	合成系统水冷器	103J	合成气压缩机
125C	弛放气氨冷器	105J	氨压缩机
126C	闪蒸罐氨冷器	109J	冷氨产品泵
127C	105J 三段出口氨冷器	109JA	冷氨产品备用泵
128C	105J 二段出口氨冷器	1-3P-1	热氨产品泵
129C	103J 一段出口氨冷器	1-3P-2	热氨产品备用泵
105D	氨合成塔		

2. 显示仪表（见表 7-18）

表 7-18　显示仪表

位号	显 示 变 量	位号	显 示 变 量
AR1-2CH$_4$	108F 底部 CH$_4$ 组分	AR12-4AR	121C 管程出口 AR 组分
AR2-1CO	108F 底部 CO 组分	AR12-5NH$_3$	121C 管程出口 NH$_3$ 组分
AR2-2CO$_2$	108F 底部 CO$_2$ 组分	AR12-5CH$_4$	121C 管程出口 CH$_4$ 组分
AR3-1H$_2$	108F 底部 H$_2$ 组分	FI2B	102B 经 MIC17 燃料气流量
AR3-2N$_2$	108F 底部 N$_2$ 组分	FIC7	104F 抽出流量
AR5-1NH$_3$	105D 进料 NH$_3$ 组分	FIC8	105F 抽出流量
AR5-2H$_2$	105D 进料 H$_2$ 组分	FIC9	112F 抽出氨气体流量
AR5-3N$_2$	105D 进料 N$_2$ 组分	FIC10	111F 抽出氨气体流量
AR5-4AR	105D 进料 AR 组分	FIC11	110F 抽出氨气体流量
AR5-5CH$_4$	105D 进料 CH$_4$ 组分	FIC14	压缩机总抽出流量
AR12-2H$_2$	121C 管程出口 H$_2$ 组分	FIC18	109F 液氨产量
AR12-3N$_2$	121C 管程出口 N$_2$ 组分	FR19	104F 顶部入口流量
FI35	冷氨产品抽出流量	TI1-49	合成塔三段入口温度
FI36	107F 到 111F 流量	TI1-50	合成塔三段中温度
FI62	102B 工艺气流量	TI1-84	开工加热炉 102B 炉膛温度
FI03	弛放氢气量	TI1-85	合成塔二段中温度
FI1510	107F 到 112F 流量	TI1-87	合成塔二段出口温度
LICA12	107F 罐液位	TI1-88	合成塔二段出口温度
LICA13	106F 罐液位	TI1-89	合成塔三段出口温度
LICA14	108F 罐液位	TI1-90	合成塔三段出口温度
LICA15	109F 罐液位	TI110	121C 废气排放温度
LICA16	110F 罐液位	TRA1-120	循环气温度
LICA18	111F 罐液位	TR1-86	合成塔二段入口温度
LICA19	112F 罐液位	TR1-113	工艺气经 102B 后进塔温度
PDI3	105D 塔顶-塔底压差	TR1-114	合成塔一段入口温度
PRC6	103J 转速	TR1-115	合成塔一段出口温度
PIC7	109F 压力	TR1-116	合成塔二段中温度
PICA8	107F 压力	TR1-117	合成塔三段入口温度
PRC9	112F 压力	TR1-118	合成塔三段中温度
PI58	冷氨产品泵出口压力	TR1-119	合成塔塔顶气体出口温度
PI59	108F 罐顶压力	TR5-13	合成塔 105D 塔壁温度
PDIA62	103J 二段压差	TR5-14	合成塔 105D 塔壁温度
PR62	热氨产品泵出口压力	TR5-15	合成塔 105D 塔壁温度
PI65	103J 二段入口压力	TR5-17	合成塔 105D 塔壁温度
PI80	103J 二段出口压力	TR5-18	合成塔 105D 塔壁温度
PIC182	104F 压力	TR5-19	合成塔 105D 塔壁温度
PIC194	107F 压力	TR5-20	合成塔 105D 塔壁温度
TI1-28	工艺气经 123C 后温度	TR5-21	合成塔 105D 塔壁温度
TI1-29	工艺气进 119C 后温度	TR5-22	合成塔 105D 塔壁温度
TI1-30	工艺气进 120C 后温度	TR5-23	合成塔 105D 塔壁温度
TI1-31	工艺气出 121C 后温度	TR5-24	合成塔 105D 塔壁温度
TI1-32	工艺气进 121C 后温度	TR5-116	105D 温度
TI1-35	107F 罐内温度	TR6-15	出 103J 二段工艺气温度
TI1-36	109F 罐内温度	TR6-16	入 103J 一段工艺气温度
TI1-37	110F 罐内温度	TR6-17	工艺气经 124C 后温度
TI1-38	111F 罐内温度	TR6-18	工艺气经 117C 后温度
TI1-39	112F 罐内温度	TR6-19	工艺气经 118C 后温度
TI1-46	合成塔一段入口温度	TR6-20	工艺气经 119C 后温度
TI1-47	合成塔一段出口温度	TR6-21	入 103J 二段工艺气温度
TI1-48	合成塔二段中温度		

3. 现场阀（见表 7-19）

表 7-19　现场阀

位号	名称	位号	名称
MIC13	炉膛上层温度调节阀	VV037	1-3P-2 后阀
MIC14	炉膛中层温度调节阀	VV038	1-3P-2 向 109F 返回阀
MIC15	炉膛下层温度调节阀	VV039	109F 放空阀
MIC16	炉膛上层温度调节阀	VV048	102B 旋塞阀
MIC17	燃料气进料阀	VV052	108F 顶部排放阀
MIC18	108F 去燃料系统阀	VV060	氨气补充阀
MIC23	105D 充压阀	VV063	104F 进料阀
MIC24	111F 进氨阀	VV066	109F 进氨阀
MIC25	104F 放空阀	VV067	127C 壳侧排放阀
HCV11	105D 充压阀	VV068	加氮阀
SP1	124C 管程出口阀	VV069	加氮阀
SP70	121C 管程出口阀	VV077	防爆阀 SP35 前阀
SP71	104F 进料阀	VV078	防爆阀 SP35 后阀
SP72	放空阀	VV084	出口总阀
VV023	107F 放空阀	VV085	125C 截止阀
VV024	109J 前阀	VV086	129C 截止阀
VV025	109J 后阀	VX0005	制冷阀
VV026	109J 向 112F 返回阀	VX0006	制冷阀
VV027	109JA 前阀	VX0007	制冷阀
VV028	109JA 向 112F 返回阀	VX0014	116C 壳程截止阀
VV029	109JA 后阀	VX0015	冷却水进料阀
VV030	112F 放空阀	VX0016	锅炉水进料阀
VV031	105J 一段放空阀	VX0017	127C 壳程截止阀
VV032	105J 三段放空阀	VX0018	128C 壳程截止阀
VV033	1-3P-1 前阀	VX0034	SP70 前旋塞阀
VV034	1-3P-1 后阀	VX0035	SP72 前旋塞阀
VV035	1-3P-1 向 109F 返回阀	VX0036	SP1 副线阀
VV036	1-3P-2 前阀		

任务一　开车操作训练

一、合成系统开车

① 投用 LSH109（104F 液位低联锁）、LSH111（105F 液位低联锁）；

② 打开 SP71，把工艺气引入 104F，PIC182 设置在 2.6MPa 投自动；

③ 显示合成塔压力的仪表换为低量程表；

④ 投用 124C（开阀 VX0015 进冷却水）、123C（开阀 VX0016 进锅炉水预热合成塔塔壁）、116C（现场开阀 VX0014），打开阀 VV077、VV078，投用 SP35；

⑤ 按 103J 复位，然后启动 103J，开泵 117J 注液氨；

⑥ 开 MCV23、HCV11，把工艺气引入合成塔 105D，氨合成塔充压；

⑦ 逐渐关小防喘振阀 FIC7、FIC8、FIC14（在该仿真系统中不作考虑）；

⑧ SP1 副线阀 VX0036 均压后，开 SP1，开 SP72 及 SP72 前旋塞阀 VX0035；

⑨ 当合成塔压力达到 1.4MPa 时，换高量程压力表；

⑩ 关 SP1 副线阀 VX0036，关 SP72 及前旋塞阀 VX0035，关 HCV11；

⑪ 开 PIC194 并设定在 10.5MPa，投自动；

⑫ 开 102B 旋塞阀 VV048，开 SP70；

⑬ 开 SP70 前旋塞阀 VX0034，使工艺气循环；

⑭ 打开 108F 顶 MIC18 阀，开度为 100%；

⑮ 投用 102B 联锁 FSL85；

⑯ 打开 MIC17 进燃料气，102B 点火，合成塔开始升温；

⑰ 开阀 MIC14 调节合成塔中层温度，开阀 MIC15、MIC16，控制合成塔下层温度；

⑱ 停泵 117J，停止向合成塔注液氨；

⑲ 将 PICA8 设定在 1.68MPa 投自动；

⑳ 将 LICA14 设定在 50% 投自动，LICA13 设定在 40% 投自动；

㉑ 当合成塔入口温度达到反应温度 380℃时，关 MIC17，102B 熄火，同时打开阀门 HCV11 预热原料气；

㉒ 关 102B 旋塞阀 VV048，现场打开氢气补充阀 VV060；

㉓ 开 MIC13 进冷激气调节合成塔上层温度；

㉔ 当 106F 液位（LICA13）达 50%时，开阀 LCV13，把液氨引入 107F。

二、冷冻系统开车

① 投用 LSH116（109F 液位低联锁）、LSH118（110F 液位低联锁）、LSH120（111F 液位低联锁）、PSH840、PSH841 联锁；

② 投用 127C，开阀 VX0017 进冷却水；

③ 打开 109F 充液氨阀门 VV066，液位 LICA15 达 80%时关充液氨阀；

④ PIC7 设定 1.4MPa，投自动；

⑤ 开三个制冷阀 VX0005、VX0006 和 VX0007；

⑥ 按 105J 复位按钮，然后启动 105J，开出口总阀 VV084；

⑦ 开 127C 壳侧排放阀 VV067；

⑧ 开阀 LCV15 建立 110F 液位；

⑨ 开 129C 的截止阀 VV086；

⑩ 开 LCV16 建立 111F 液位，开 LCV18 建立 112F 液位；

⑪ 投用 125C（打开阀门 VV085）；

⑫ 当 107F 有液位时开 MIC24，向 111F 送氨；

⑬ 开 LCV12 向 112F 送氨；

⑭ 关制冷阀；

⑮ 当 112F 液位达 20%时，启动 109J 向外输送冷氨；

⑯ 当 109F 液位达 50%时，启动 1-3P 向外输送热氨。

任务二 停车操作训练

一、停车

① 关弛放气阀 MIC18；

② 停泵 1-3P-1（2）；

③ 工艺气由 MIC25 放空，103J 降转速；

④ 依次打开 FCV14、FCV8、FCV7，注意防喘振；

⑤ 逐步关闭 MIC14、MIC15、MIC16，合成塔降温；

⑥ 106F 液位 LICA13 降至 5％时，关 LCV13；

⑦ 108F 液位 LICA14 降至 5％时，关 LCV14；

⑧ 关 SP1、SP70；

⑨ 停 125C、129C；

⑩ 停 103J。

二、冷冻系统停车

① 逐步关阀 FV11，105J 降转速；

② 关 MIC24；

③ 107F 液位 LICA12 降至 5％时关 LCV12；

④ 现场开三个制冷阀 VX0005、VX0006、VX0007，提高温度，蒸发剩余液氨；

⑤ 待 112F 液位 LICA19 降至 5％时，停泵 109J、109JA；

⑥ 停 105J。

任务三　正常运行管理及事故处理操作训练

一、正常操作

熟悉工艺流程，密切注意各工艺参数的变化，维持各工艺参数稳定。正常操作工艺参数见表 7-20～表 7-22 所示。

表 7-20　正常操作温度设定值

位号	正常值	单位	位号	正常值	单位
TR6-15	120	℃	TI1-48	430	℃
TR6-16	40	℃	TI1-49	380	℃
TR6-17	38	℃	TI1-50	400	℃
TR6-18	10	℃	TI1-84	800	℃
TR6-19	−9	℃	TI1-85	430	℃
TR6-20	−23.3	℃	TI1-86	419.9	℃
TR6-21	38	℃	TI1-87	465.5	℃
TI1-28	166	℃	TI1-88	465.5	℃
TI1-29	−9	℃	TI1-89	434.5	℃
TI1-30	−23.3	℃	TI1-90	434.5	℃
TI1-31	140	℃	TR1-113	380	℃
TI1-32	23.2	℃	TR1-114	401	℃
TI1-35	−23.3	℃	TR1-115	480	℃
TI1-36	40	℃	TR1-116	430	℃
TI1-37	4	℃	TR1-117	380	℃
TI1-38	−13	℃	TR1-118	400	℃
TI1-39	−33	℃	TR1-119	301	℃
TI1-46	401	℃	TR1-120	144	℃
TI1-47	480.8	℃	TR5-(13～24)	140	℃

表 7-21 正常操作压力设定值

位号	正常值	单位	位号	正常值	单位
PI59	10.5	MPa	PI58	2.5	MPa
PI65	6.0	MPa	PR62	4.0	MPa
PI80	12.5	MPa	PDIA62	5.0	MPa

表 7-22 正常操作流量设定值

位号	正常值	单位	位号	正常值	单位
FR19	11000	kg/h	FI35	20000	kg/h
FI62	60000	kg/h	FI36	3600	kg/h
FI63	7500	kg/h			

二、事故处理

出现突发事故时，应分析事故产生的原因，并及时做出正确的处理（见表 7-23）。

表 7-23 事故处理

事故名称	主要现象	处理方法
105J 跳车	①FIC9、FIC10、FIC11 全开 ②LICA15、LICA16、LICA18、LICA19 液位逐渐下降	①停 1-3P-1(2)，关出口阀 ②全开 FCV14、FCV7、FCV8，开 MIC25 放空，103J 降转速 ③按 SP1、SP70 ④关 MIC18、MIC24，氢回收去 105F 截止阀 ⑤LCV13、LCV14、LCV12 手动关掉 ⑥关 MIC13、MIC14、MIC15、MIC16、HCV11、MIC23 ⑦停 109J，关出口阀 ⑧LCV15、LCV16A/B、LCV18A/B、LCV19 置手动
1-3P-1(2)跳车	109F 液位 LICA15 上升	①用 LCV15 调整 109F 液位 ②启动备用泵
109J 跳车	112F 液位 LICA19 上升	①关小 LCV18A/B、LCV12 ②启动备用泵
103J 跳车	①SP1、SP70 全关 ②FIC7、FIC8、FIC14 全开 ③PCV182 开大	①打开 MIC25，调整系统压力 ②关闭 MIC18、MIC24，氢回收去 105F 截止阀 ③105J 降转速，冷冻调整液位 ④停 1-3P，关出口阀 ⑤LCV13、LCV14、LCV12 手动关掉 ⑥关 MIC13、MIC14、MIC15、MIC16、HCV11、MIC23 ⑦切除 129C、125C ⑧停 109J，关出口阀

思考题

1. 了解复杂控制系统和联锁系统，请举例说明本工段用了哪些联锁系统？

2. 串级调节的操作要点是什么？请举例说明本工段用了哪些串级调节？

3. 在氨合成过程中，原料气的主要成分是什么？简述本工段工艺流程。

4. 设立自动保护系统的目的是什么？如何投自动保护系统？

5. 试指出本流程如何加强热能的回收利用，以达到降低能耗的目的。

6. 简述冷冻系统停车操作步骤。

7. 如何控制合成塔内的温度和压力？

项目五　丙烯酸甲酯工段

丙烯酸甲酯是一种重要的化工原料，可作为有机合成中间体，也是合成高分子聚合物的单体。在本单元中采用丙烯酸与甲醇为原料，反应生成丙烯酸甲酯，以磺酸型离子交换树脂作催化剂。

主反应：

$$CH_2\!=\!CHCOOH + CH_3OH \rightleftharpoons CH_2\!=\!CHCOOCH_3 + H_2O$$
$$\qquad\quad AA \qquad\qquad\qquad\qquad\qquad MA$$

这是一个平衡反应，为使反应向有利于产品生成的方向进行，常采用一些方法，一种方法是用比反应量过量的酸或醇，另一种方法是从反应系统中移除低沸点组分（水）。

副反应：

$$CH_2\!=\!CHCOOH + 2CH_3OH \longrightarrow CH_3OCH_2CH_2COOCH_3 + 2H_2O$$
$$MPM（3\text{-}甲氧基丙酸甲酯）$$

$$2CH_2\!=\!CHCOOH + CH_3OH \longrightarrow CH_2\!=\!CHCOOC_2H_4COOCH_3 + H_2O$$
$$D\text{-}M（3\text{-}丙烯酰氧基丙酸甲酯/二聚丙烯酸甲酯）$$

$$CH_2\!=\!CHCOOH + CH_3OH \longrightarrow HOC_2H_4COOCH_3$$
$$HOPM（3\text{-}羟基丙酸甲酯）$$

$$CH_2\!=\!CHCOOH + CH_3OH \longrightarrow CH_3OC_2H_4COOH$$
$$MPA（3\text{-}甲氧基丙酸）$$

$$2CH_2\!=\!CHCOOH \longrightarrow CH_2\!=\!CHCOOC_2H_4COOH$$
$$D\text{-}AA（3\text{-}丙烯酰氧基丙酸/二聚丙烯酸）$$

一、流程简介

从罐区来的新鲜的丙烯酸、甲醇与醇回收塔（T140）顶回收的循环甲醇以及从丙烯酸分馏塔（T110）底回收并经过循环过滤器（FL101）过滤的部分丙烯酸一起作为混合进料，经反应预热器（E101）预热到指定温度后送至 R101（酯化反应器）进行反应。为了使平衡反应向产品方向移动，同时降低醇回收时的能量消耗，进入 R101 的丙烯酸过量。

从 R101 排出的产品物料送至 T110（丙烯酸分馏塔），粗丙烯酸甲酯、水和甲醇的共沸混合物从 T110 塔顶回收，作为主物流经 E112 冷却后送入 V111（T110 回流罐），经油水分离后，油相由 P111A/B 抽出，一路作为 T110 塔顶回流，另一路和 P112A/B 抽出的水相一起作为 T130（醇萃取塔）的进料。同时，从塔底回收未参与反应的丙烯酸。

T110 塔底的一部分丙烯酸及酯的二聚物、多聚物和阻聚剂等重组分送至 E114（薄膜蒸发器）分离出丙烯酸，作为循环物料重新回到 T110 中，重组分送至废水处理单元的重组分贮罐。

T110 的塔顶流出物经 E130（醇萃取塔进料冷却器）冷却后被送往 T130（醇萃取塔）。由于水-甲醇-甲酯为三元共沸系统，很难通过简单蒸馏从水和甲醇中分离出甲酯，因此采用萃取的方法把甲酯从水和甲醇中分离出来。从 V130 由 P130A/B 抽出溶剂（水）加至萃取塔的顶部，通过液-液萃取，将未反应的醇从粗丙烯酸甲酯物料中萃取出来。

　　从 T130 底部得到的萃取液进到 V140，再经 P142A/B 抽出，经过 E140 与醇回收塔底分离出的水换热后进入 T140（醇回收塔）。在此塔中，在顶部回收醇并循环至 R101。基本上由水组成的 T140 的塔底物料经 E140 与进料换热后，再经过 E144 用 10℃的冷冻水冷却后，进入 V130，再经泵抽出循环至 T130 重新用作溶剂（萃取剂），同时多余的水作为废水送到废水罐。T140 顶部是回收的甲醇，经 E142 循环水冷却进入到 V141，再经由 P141A/B 抽出，一路作为 T140 塔顶的回流，另一路与新鲜的甲醇混合作为 R101 的反应进料。

　　抽余液从 T130 的顶部排出并进入到 T150（醇拔头塔）。在此塔中，塔顶物流经过 E152 循环水冷却后进入到 V151，油水分层后水相自流入 V140，油相再经由 P151A/B 抽出，一路作为 T150 塔顶回流，另一路循环回至 T130 作为部分进料以重新回收醇和酯。含有少量重组分的塔底物由 P150A/B 送入甲酯提纯塔提纯。

　　T150 的塔底流出物送往 T160（酯提纯塔）。在此，将丙烯酸甲酯进行进一步提纯，含有少量丙烯酸、丙烯酸甲酯的塔底物经 P160A/B 输送循环回 T110 继续分馏。塔顶作为丙烯酸甲酯成品在塔顶馏出经 E162A/B 冷却进入 V161（丙烯酸产品塔塔顶回流罐）中，由 P161A/B 抽出，一路作为 T160 塔顶回流返回 T160 塔，另一路出装置至丙烯酸甲酯成品日罐。

　　丙烯酸甲酯生产总貌图见图 7-26，丙烯酸甲酯工艺总貌图见图 7-27，丙烯酸甲酯酯化反应器 R101 DCS 图见图 7-28，丙烯酸甲酯分馏塔 T110 DCS 图见图 7-29，丙烯酸甲酯薄膜蒸发器 E114 DCS 图见图 7-30，丙烯酸甲酯醇萃取塔 T130 DCS 图见图 7-31，丙烯酸甲酯醇回收塔 T140 DCS 图见图 7-32，丙烯酸甲酯醇拔头塔 T150 DCS 图见图 7-33，丙烯酸甲酯酯提纯塔 T160 DCS 图见图 7-34，丙烯酸甲酯酯化反应器 R101 现场图见图 7-35，丙烯酸甲酯分馏塔 T110 现场图见图 7-36，丙烯酸甲酯薄膜蒸发器 E114 现场图见图 7-37，丙烯酸甲酯醇萃取塔 T130 现场图见图 7-38，丙烯酸甲酯醇回收塔 T140 现场图见图 7-39，丙烯酸甲酯醇拔头塔 T150 现场图见图 7-40，丙烯酸甲酯醇提纯塔 T160 现场图见图 7-41，丙烯酸甲酯蒸汽伴热系统现场图见图 7-42。

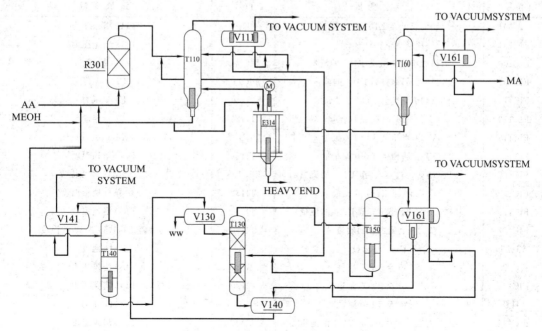

图 7-26　丙烯酸甲酯生产总貌图

二、主要设备、显示仪表及现场阀说明

1. 主要设备（见表 7-24）

表 7-24　主要设备

设备位号	设备名称	设备位号	设备名称
E101	R101 预热器	E144	T140 底部二段冷却器
FL101A/B	反应器循环过滤器	E142	T140 塔顶冷凝罐
R101	酯化反应器	V141	T140 塔顶受液罐
T110	丙烯酸分馏塔	P141A/B	T140 回流泵
E112	T110 冷凝器	T150	醇拔头塔
V111	T110 塔顶受液罐	E152	T150 塔顶受液罐
P112A/B	V111 排水泵	P151A/B	T150 回流泵
E114	T110 二段再沸器	P150A/B	T150 底部泵
E130	T130 给料冷却器	T160	酯提纯塔
T130	醇萃取塔	P160A/B	T160 回流泵
V130	给水罐	E162A/B	T160 塔顶冷凝器
P130A/B	T130 给水泵	V161	T160 塔顶受液罐
V140	T140 缓冲罐	P161A/B	T160 回流泵
P142A/B	T140 给料泵	E111	T110 再沸器
E140	T140 底部一段冷却器	P110A/B	T110 塔底泵
T140	醇回收塔	P114A/B	E114 底部泵
E141	T140 再沸器	E151	T150 再沸器
P140A/B	T140 底部泵	E161	T160 再沸器

2. 显示仪表（见表 7-25）

表 7-25　显示仪表

位号	显示变量	位号	显示变量
FIC101	丙烯酸至 E101 的流量	PI104	T110 塔顶压力
FIC104	甲醇到 E101 的流量	PI103	T110 塔釜压力
FIC106	丙烯酸甲酯粗液至 E101 的流量	PIC109	V111 罐压力
FIC109	T110 底部物料至 E101 的流量	TIC115	E114 温度
FIC110	T110 塔釜至 E114 的流量	PI110	E114 压力
FIC112	V111 到 T110 的回流量	TI125	T130 温度
FIC113	V111 水相至 T130 的流量	PIC117	T130 压力
FIC117	V111 油相至 T130 的流量	TI134	T140 塔顶温度
FIC107	LPS(塔底再沸蒸汽)至 E111 的流量	TIC133	T140 第 19 块板温度
FIC110	T110 至 E114 的流量	TI132	T140 第 5 块板温度
FIC119	LPS(塔底再沸蒸汽)至 E114 的流量	TI131	T140 塔釜温度
FIC122	E114 至重组分回收流量	TI135	再沸器 E141 至 T140 的温度
FI120	E114 回流量	TG141	V141 温度
FIC129	V130 至 T130 流量	PI121	T140 塔顶压力
FIC131	V140 至 T140 流量	PI120	T140 塔釜压力
FI128	T130 至 T150 流量	PIC123	V141 压力
FIC134	LPS(塔底再沸蒸汽)至 E141 的流量	TI142	T150 塔顶温度
FIC135	V141 至 T140 回流量	TI141	T150 第 23 块塔板温度

续表

位号	显 示 变 量	位号	显 示 变 量
FIC137	T140 至 R101 的流量	TIC140	T150 第 5 块塔板温度
FIC140	LPS(塔底再沸蒸汽)至 E151 的流量	TI143	再沸器 E151 至 T150 温度
FIC141	T150 至 T160 的流量	TI139	T150 塔釜温度
FIC142	V151 至 T150 回流量	TG151	V151 温度
FIC144	V151 至 T130 的流量	PI125	T150 塔顶压力
FIC145	V151 至 V140 的流量	PI126	T150 塔釜压力
FIC149	LPS(塔底再沸蒸汽)至 E161 的流量	PIC128	V151 压力
FIC150	V161 至 T160 的回流量	TI151	T160 塔顶温度
FIC151	T160 至 T110 的流量	TI150	T160 第 15 块塔板温度
FIC153	T160 至 MA 的流量	TIC148	T160 第 5 块塔板温度
TIC101	R101 入口温度	TI152	再沸器 E161 至 T160 温度
TI111	T110 塔顶温度	TI147	T160 塔釜温度
TI109	T110 进料段温度	TG161	V161 温度
TI108	T110 塔底温度	PI130	T160 塔顶压力
TI113	再沸器 E111 至 T110 温度	PI131	T160 塔釜压力
TG110	回流罐现场温度显示	PIC133	V161 压力

3. 现场阀（见表 7-26）

表 7-26 现场阀

位号	名　　　称	位号	名　　　称
PV109	T110 压力调节阀	FV129	引水至 T130 调节阀
VD201	PV109 前阀	VD410	FV129 前阀
VD202	PV109 后阀	VD411	FV129 后阀
V209	PV109 旁通阀	V407	FV129 旁通阀
PV123	T140 压力调节阀	VD401	T130 顶部排气阀
VD517	PV123 前阀	LV110	V140 注水调节阀
VD518	PV123 后阀	VD408	LV110 前阀
V511	PV123 旁通阀	VD409	LV110 后阀
PV128	T150 压力调节阀	V406	LV110 旁通阀
VD617	PV128 前阀	PV117	T130 压力调节阀
VD618	PV128 后阀	VD402	PV117 前阀
V607	PV128 旁通阀	VD403	PV117 后阀
PV133	T160 压力调节阀	V405	PV117 旁通阀
VD722	PV133 前阀	VD406	T130 顶部物流排出阀
VD723	PV133 后阀	VD405	T130 顶部物流至 T150 排出阀
V707	PV133 旁通阀	FV131	T140 引水调节阀
VD205	T110 空气投用阀	VD509	FV131 前阀
VD305	T114 空气投用阀	VD510	FV131 后阀
VD504	T140 空气投用阀	V507	FV131 旁通阀
VD607	T150 空气投用阀	V502	E142 冷却水阀
VD701	T160 空气投用阀	FV134	E141 蒸汽调节阀
VD711	V161 MA 进料阀	VD502	FV134 前阀
FV150	T160 MA 进料控制阀	VD503	FV134 后阀
VD718	FV150 后阀	V505	FV134 旁通阀
VD719	FV150 前阀	V501	E144 冷却水阀
V705	FV150 旁通阀	XV106	蒸汽阀
V402	FCW 手阀	LV115	T140 底部液体排出调节阀
VD225	T110 阻聚剂加料阀	VD515	LV115 前阀
VD224	V111 阻聚剂加料阀	VD516	LV115 后阀

续表

位号	名　称	位号	名　称
V203	E112 冷却水阀	V510	LV115 旁通阀
V401	E130 冷却水阀	FV135	T140 回流调节阀
VD118	R101 粗液去 T110 手阀	VD511	FV135 前阀
VD111	FL101A 前阀	VD512	FV135 后阀
VD113	FL101A 后阀	FV137	排水调节阀
VD112	FL101B 前阀	VD513	FV137 前阀
VD114	FL101B 后阀	VD514	FV137 后阀
VD109	排料阀	V508	FV135 旁通阀
XV103	蒸汽阀	VD509	FV137 旁通阀
FV109	回收丙烯酸调节阀	VD507	排水阀
VD115	FV109 前阀	VD508	去 E101 阀
VD116	FV109 后阀	FV106	向 R101 引粗液调节阀
V103	FV109 旁通阀	VD101	FV106 前阀
VD109	T110 排料阀	VD102	FV106 后阀
FV107	加热蒸汽调节阀	V102	FV106 旁通阀
VD214	FV107 前阀	VD117	R101 顶部排气阀
VD215	FV107 后阀	VD119	甲醇排出阀
V207	FV107 旁通阀	PV101	粗液排放调节阀
FV117	排水调节阀	VD124	PV101 后阀
VD216	FV117 前阀	VD125	PV101 前阀
VD217	FV117 后阀	V106	PV101 旁通阀
V208	FV117 旁通阀	TV101	E301 蒸汽调节阀
VD218	排水阀	VD123	TV101 前阀
VD213	排水阀	VD122	TV101 后阀
FV112	T110 回流控制阀	FV113	排液调节阀
VD208	FV112 前阀	VD210	FV113 前阀
VD209	FV112 后阀	VD211	FV113 后阀
V204	FV112 旁通阀	V210	FV113 旁通阀
VD105	甲醇进料阀	FV110	T110 物料引至 E114 调节阀
FV104	甲醇进料调节阀	VD206	FV110 前阀
VD120	FV104 后阀	VD207	FV110 后阀
VD121	FV104 前阀	V206	FV110 旁通阀
V104	FV104 旁通阀	V301	E114 循环阀
VD519	T140 阻聚剂进料阀	FV122	物料排出调节阀
VD213	甲醇排出阀	VD311	FV122 前阀
VD212	甲醇排至 E130 阀	VD312	FV122 后阀
VD508	去 E101 手阀	V302	FV122 旁通阀
VD620	通阻聚剂阀	VD310	物料排出阀
VD619	通阻聚剂阀	FV119	E114 蒸汽调节阀
VD601	E152 冷却水阀	VD316	FV119 前阀
FV141	T160 塔釜液排出控制阀	VD317	FV119 后阀
VD605	FV141 前阀	FV145	V151 物料至 V140 调节阀
VD606	FV141 后阀	VD611	FV145 前阀
V608	FV141 旁通阀	VD612	FV145 后阀
VD615	T160 塔釜液排出阀	V605	FV145 旁通阀
XV107	蒸汽阀	VD616	T150 塔釜液至 T160 阀
FV140	蒸汽调节阀	VD710	T160 阻聚剂阀

续表

位号	名　　称	位号	名　　称
VD622	FV140 前阀	VD709	V161 阻聚剂阀
VD621	FV140 后阀	V701	冷却水阀
FV142	T150 回流调节阀	VD707	T160 塔底物料至不合格罐阀
VD602	FV142 后阀	XV108	E161 蒸汽阀
VD603	FV142 前阀	FV149	蒸汽调节阀
V606	FV142 旁通阀	VD702	FV149 后阀
VD613	V151 物料至 T130 阀	VD703	FV149 前阀
VD614	V151 物料至不合格罐阀	FV153	V161 物料采用控制阀
FV144	V151 物料排出控制阀	VD720	FV153 前阀
VD609	FV144 前阀	VD721	FV153 后阀
VD610	FV144 后阀	VD714	V161 物料至不合格罐阀
VD604	FV144 旁通阀	V702	FV153 旁通阀
VD708	T160 底部物料至 T110 阀	VD714	合格产品日罐阀

任务一　开车操作训练

一、准备工作

1. 启动真空系统

①打开压力控制阀 PV109 及其前、后阀 VD201、VD202，给 T110 系统抽真空；

②打开压力控制阀 PV123 及其前、后阀 VD517、VD518，给 T140 系统抽真空；

③打开压力控制阀 PV128 及其前、后阀 VD617、VD618，给 T150 系统抽真空；

④打开压力控制阀 PV133 及其前、后阀 VD722、VD723，给 T160 系统抽真空；

⑤打开阀 VD205、VD305、VD504、VD607、VD701，分别给 T110、E114、T140、T150、T160 投用阻聚剂空气。

2. V161、T160 脱水

① 打开 VD711 阀，向 V161 内引产品 MA；

② 待 V161 达到一定液位后，启动 P161A/B；

③ 打开控制阀 FV150 及其前、后阀 VD719、VD718，向 T160 引入 MA；

④ 待 T160 底部有一定液位后，关闭控制阀 FV150；

⑤ 关闭 MA 进料阀 VD711。

3. T130、T140 建立水循环

① 打开 V130 顶部手阀 V402，引 FCW 到 V130；

② 待 V130 达到一定液位后，启动 P130A/B；

③ 打开控制阀 FV129 及其前、后阀 VD410、VD411，将水引入 T130；

④ 打开 T130 顶部排气阀 VD401，并通过排气阀观察 T130 是否装满水；

⑤ 待 T130 装满水后，关闭排气阀 VD401；

⑥ 打开控制阀 LV110 及其前、后阀 VD408、VD409，向 V140 注水；

⑦ 打开控制阀 PV117 及其前、后阀 VD402、VD403；

⑧ 同时打开阀 VD406，将 T130 顶部物流排至不合格罐，控制 T130 压力 301kPa；

⑨ 待 V140 有一定液位后，启动 P142A/B；

⑩ 打开控制阀 FV131 及其前、后阀 VD509、VD510，向 T140 引水；

⑪ 打开阀 V502，给 E142 投冷却水；

⑫ 待 T140 液位达到 50% 后，打开蒸汽阀 XV106；

⑬ 同时打开控制阀 FV134 及其前、后阀 VD502、VD503，给 E141 通蒸汽；

⑭ 打开阀 V501，给 E144 投冷却水；

⑮ 启动 P140A/B；

⑯ 打开控制阀 LV115 及其前、后阀 VD515、VD516，使 T140 底部液体经 E140、E144 排放到 V130；

⑰ 待 V41 达到一定液位后，启动 P141A/B；

⑱ 打开控制阀 FV135 及其前、后阀 VD511、VD512，向 T140 打回流；

⑲ 打开控制阀 FV137 及其前、后阀 VD513、VD514；

⑳ 打开阀 VD507，将多余水引至不合格罐。

二、R101 引粗液，并循环升温

① R101 进料前去伴热系统，投用 R101 系统伴热；

② 打开控制阀 FV106 及其前、后阀 VD101、VD102，向 R101 引入粗液；

③ 打开 R101 顶部排气阀 VD117 排气；

④ 待 R101 装满粗液后，关闭排气阀 VD117，打开 VD119；

⑤ 打开控制阀 PV101 及其前、后阀 VD125、VD124，将粗液排出；

⑥ 调节 PV101 的开度，控制 R101 压力 301kPa；

⑦ 待粗液循环均匀后，打开控制阀 TV101 及其前、后阀 VD123、VD122，向 E301 供给蒸汽；

⑧ 调节 TV101 的开度，控制反应器入口温度为 75℃。

三、启动 T110 系统

① 打开阀 VD225、VD224，向 T110、V111 加入阻聚剂；

② 打开阀 V203、V401，分别给 E112、E130 投冷却水；

③ T110 进料前去伴热系统，投用 T110 系统伴热；

④ 待 R101 出口温度、压力稳定后，打开去 T110 手阀 VD118，将粗液引入 T110，同时关闭手阀 VD119；

⑤ 待 T110 液位达到 50% 后，启动 P110A/B，打开 FL101A 前、后阀 VD111、VD113；

⑥ 打开控制阀 FV109 及其前、后阀 VD115、VD116；

⑦ 打开 VD109，将 T110 底部物料经 FL101 排出；

⑧ 投用 E114 系统伴热；

⑨ 待 T110 液位达到 50% 后，打开阀 XV103；

⑩ 打开控制阀 FV107 及其前、后阀 VD214、VD215，启动系统再沸器；

⑪ 待 V111 水相达到一定液位后，启动泵 P112A/B；

⑫ 打开控制阀 FV117 及其前、后阀 VD216、VD217；

⑬ 分别打开阀门 VD218、VD213，将水排出，控制水相液位；

⑭ 待 V111 油相液位 LIC103 达到一定液位后，启动 P111A/B；

⑮ 打开控制阀 FV112 及其前、后阀 VD208、VD209，给 T110 打回流；

⑯ 打开控制阀 FV113 及其前、后阀 VD210、VD211，将部分液体排出；

⑰ 待 T110 液位稳定后，打开控制阀 FV110 及其前、后阀 VD206、VD207，将 T110

底部物料引至 E114;

⑱ 待 E114 达到一定液位后,启动 P114A/B;

⑲ 打开阀 V301,向 E114 打循环;

⑳ 待 E114 液位稳定后,打开控制阀 FV122 及其前、后阀 VD311、VD312;

㉑ 打开 VD310,将物料排出;

㉒ 按 UT114 按钮,启动 E114 转子;

㉓ 打开阀 XV104,同时打开控制阀 FV119 及其前、后阀 VD316、VD317,向 E114 通入蒸汽 LPS。

四、反应器进原料

① 打开手阀 VD105,打开控制阀 FV104 及其前、后阀 VD121、VD120,新鲜原料进料流量为正常量的 80%,调节控制阀 FV104 的开度,控制流量为 595.8kg/h;

② 打开控制阀 FV101 及其前、后阀 VD103、VD104,新鲜原料进料流量为正常量的 80%,调节控制阀 FV101 的开度,控制流量为 1473kg/h;

③ 关闭控制阀 FV106 及其前、后阀,停止进粗液;

④ 打开阀 VD108,将 T110 底部物料打入 R101,同时关闭阀 VD109。

五、T130、T140 进料

① 打开手阀 VD519,向 T140 输送阻聚剂;

② 关闭阀 VD213、打开阀 VD212,由至不合格罐改至 T130;

③ 控制 V401 开度,调节 T130 温度为 25℃;

④ 待 T140 稳定后,关闭 V141 去不合格罐手阀 VD507;

⑤ 打开 VD508,将物流引向 R101。

六、启动 T150

① 打开手阀 VD620、VD619,向 T150、V151 供阻聚剂;

② 打开 E152 冷却水阀 VD601,E152 投用;

③ 打开 VD405,将 T130 顶部物料改至 T150;

④ 关闭去不合格罐手阀 VD406;

⑤ 投用 T150 蒸汽伴热系统;

⑥ 当 T150 底部有一定液位后,启动 P150A/B;

⑦ 打开控制阀 FV141 及其前、后阀 VD605、VD606;

⑧ 打开手阀 VD615,将 T150 底部物料排放至不合格罐,控制好塔液面;

⑨ 打开阀 XV107,打开控制阀 FV140 及其前、后阀 VD622、VD621,给 E151 引蒸汽;

⑩ 待 V151 有液位后,启动 P151A/B;

⑪ 打开控制阀 FV142 及其前、后阀 VD603、VD602,给 T150 打回流;

⑫ T150 操作稳定后,打开阀 VD613,同时关闭阀 VD614,将 V151 物料从不合格罐改至 T130;

⑬ 打开控制阀 FV144 及其前、后阀 VD609、VD610;

⑭ 打开阀 VD614,将部分物料排至不合格罐;

⑮ 待 V151 水包出现界位后,打开 FV145 及其前、后阀 VD611、VD612,向 V140 切水;

⑯ 调节 FV145 的开度,保持界位正常;

⑰ 待 T150 操作稳定后,打开阀 VD613;

⑱ 关闭 VD614，将 V151 物料从不合格罐改至 T130；

⑲ 调节 FV144 的开度，控制 V151 液位为 50%；

⑳ 关闭阀 VD615，同时打开阀 VD616，将 T150 底部物料由至不合格罐改至 T160 进料；

㉑ 调节 FV141 的开度，控制 T150 液位为 50%。

七、启动 T160

① 打开手阀 VD710、VD709，向 T160、V161 供阻聚剂；

② 打开阀 V701，E162 冷却器投用；

③ 投用 T160 蒸汽伴热系统；

④ 待 T160 有一定的液位，启动 P160A/B；

⑤ 打开控制阀 FV151 及其前、后阀 VD716、VD717；

⑥ 打开 VD707，将 T160 塔底物料送至不合格罐；

⑦ 打开阀 XV108，打开控制阀 FV149 及其前、后阀 VD703、VD702，向 E161 引蒸汽；

⑧ 待 V161 有液位后，启动回流泵 P161A/B；

⑨ 打开塔顶回流控制阀 FV150 及其前、后阀 VD718、VD719 打回流；

⑩ 打开控制阀 FV153 及其前、后阀 VD720、VD721；

⑪ 打开阀 VD714，将 V161 物料送至不合格罐；

⑫ 调节 FV153 的开度，保持 V161 液位为 50%；

⑬ T160 操作稳定后，关闭阀 VD707；

⑭ 同时打开阀 VD708，将 T160 底部物料由至不合格罐改至 T110；

⑮ 关闭阀 VD714，同时打开阀 VD713，将合格产品由至不合格罐改至日罐。

八、处理粗液、提负荷

① 调整控制阀 FV101 开度，把 AA 负荷提高至 1841.36kg/h；

② 调整控制阀 FV104 开度，把 MEOH 负荷提高至 744.75kg/h。

任务二　停车操作训练

一、停止供给原料

① 关闭控制阀 FV101 及其前、后阀 VD103、VD104；

② 关闭控制阀 FV104 及其前、后阀 VD120、VD121；

③ 关闭 TV101 及其前、后阀 VD122、VD123，停止向 E101 供蒸汽；

④ 关闭手阀 VD713，同时打开阀 VD714，D161 产品由日罐切换至不合格罐；

⑤ 关闭阀 VD108，停止 T110 底部到 E101 循环的 AA；

⑥ 打开阀 VD109，将 T110 底部物料改去不合格罐；

⑦ 关闭阀 VD508，停从 T140 顶部到 E101 循环的醇；

⑧ 打开阀 VD507，将 T140 顶部物料改去不合格罐；

⑨ 关闭 VD118；同时打开阀 VD119，将 R101 出口由去 T110 改去不合格罐；

⑩ 去伴热系统，停 R101 伴热；

⑪ 当反应器温度降至 40℃，关闭阀 VD119；

⑫ 打开阀 VD110，将 R101 内的物料排出，直到 R101 排空；

⑬ 打开 VD117，泄压。

二、停T110系统

① 关闭阀 VD224，停止向 V111 供阻聚剂；

② 关闭阀 VD225，停止向 T110 供阻聚剂；

③ 关闭阀 VD708，停止 T160 底物料到 T110；

④ 打开阀 VD707，将 T160 底部物料改去不合格罐；

⑤ 缓慢减小阀 FV107 的开度，直至关闭阀 FV107，缓慢停止向 E111 供给蒸汽；

⑥ 去伴热系统，停 T110 蒸汽伴热；

⑦ 关闭阀 VD212，同时打开阀 VD213，将 V111 出口物料切至不合格罐，同时适当调整 FV129 开度，保证 T130 的进料量；

⑧ 待 V111 水相全部排出后，停 P112A/B；

⑨ 关闭控制阀 FV117 及其前、后阀；

⑩ 关闭控制阀 FV110 及其前、后阀，停止向 E114 供物料；

⑪ 关闭阀 V301，停止 E114 自身循环；

⑫ 关闭控制阀 FV119 及其前、后阀，停止向 E114 供给蒸汽；

⑬ 停止 E114 的转子；

⑭ 关闭阀 VD309；打开阀 VD310，将 E114 底部物料改至不合格罐；

⑮ 将 V111 油相全部排至 T110，停 P111A/B；

⑯ 将 P111A/B 出口（V111 油相侧物料）到 E130 阀 FV113 关闭；

⑰ 打开阀 VD203，将 T110 底物料排放出；

⑱ 待 T110 底物料排尽后，停止 P110A/B；

⑲ 打开阀 VD306，将 E114 底物料排放出；

⑳ 待 E114 底物料排尽后，停止 P114A/B。

三、T150和T160停车

① 关闭阀 VD619，停止向 V151 供阻聚剂；

② 关闭阀 VD709，停止向 V161 供阻聚剂；

③ 关闭阀 VD620，停止向 T150 供阻聚剂；

④ 关闭阀 VD710，停止向 T160 供阻聚剂；

⑤ 停 T150 进料，关闭进料阀 VD405；

⑥ 打开阀 VD406，将 T130 出口物料排至不合格罐；

⑦ 停 T160 进料，关闭进料阀 VD616；

⑧ 打开阀 VD615，将 T150 出口物料排至不合格罐；

⑨ 关闭阀 VD613；

⑩ 打开阀 VD614，将 V151 油相改至不合格罐；

⑪ 关闭控制阀 FV140 及其前、后阀，停向 E151 供给蒸汽；

⑫ 停 T150 蒸汽伴热；

⑬ 关闭控制阀 FV149 及其前、后阀，停向 E161 供给蒸汽；

⑭ 停 T160 的蒸汽伴热；

⑮ 待回流罐 V151 的物料全部排至 T150 后，停 P151A/B；

⑯ 待回流罐 V161 的物料全部排至 T160 后，停 P161A/B；

⑰ 打开阀 VD608，将 T150 底物料排放出；

⑱ T160 底部物料排空后，停 P160A/B。

四、T130 和 T140 停车

① 关闭阀 VD519，停止向 T140 供阻聚剂；

② 当 T130 顶油相全部排出后，关闭控制阀 FV129 及其前、后阀，停 T130 萃取水，T130 内的水经 V140 全部去 T140；

③ 关闭控制阀 PV117；

④ 关闭控制阀 FV134 及其前、后阀，停向 E141 供给蒸汽；

⑤ 当 T140 内的物料冷却到 40℃以下，打开 VD501 排液；

⑥ 打开阀 VD407，给 T130 排液。

五、T110、T140、T150、T160 系统打破真空

① 关闭控制阀 FV109 及其前、后阀；

② 关闭控制阀 FV123 及其前、后阀；

③ 关闭控制阀 FV128 及其前、后阀；

④ 关闭控制阀 FV133 及其前、后阀；

⑤ 分别关闭阀 VD205、VD305、VD504、VD607、VD701，停止向 T110、E114、T140、T150、T160 供应阻聚剂空气；

⑥ 打开阀 VD204、VD505、VD601、VD704，分别向 V111、V141、V151、V161 充入 LN；

⑦ 当 T110、T140、T150、T160 系统达到常压状态时，分别关闭阀门 VD204、VD505、VD601、VD704，停 LN。

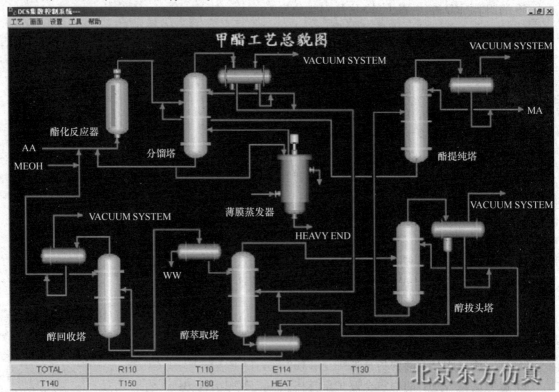

图 7-27 丙烯酸甲酯工艺总貌图

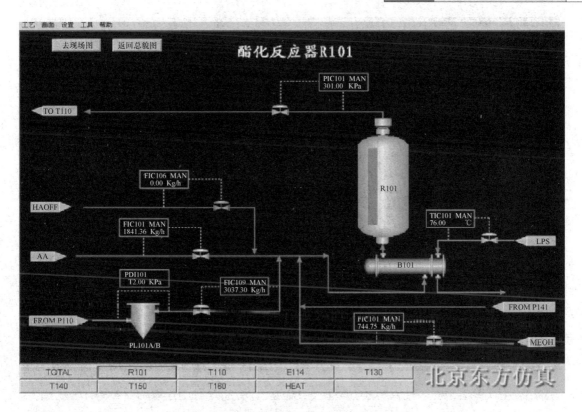

图 7-28 丙烯酸甲酯酯化反应器 R101 DCS 图

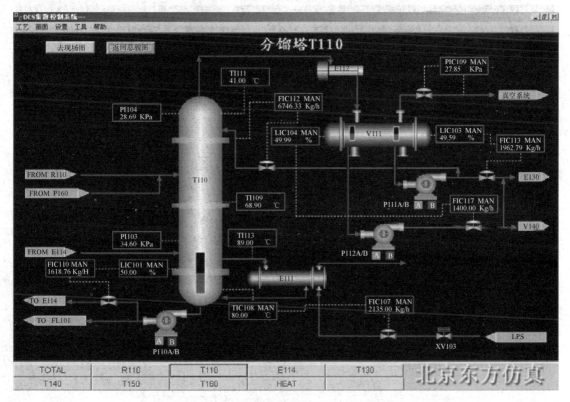

图 7-29 丙烯酸甲酯分馏塔 T110 DCS 图

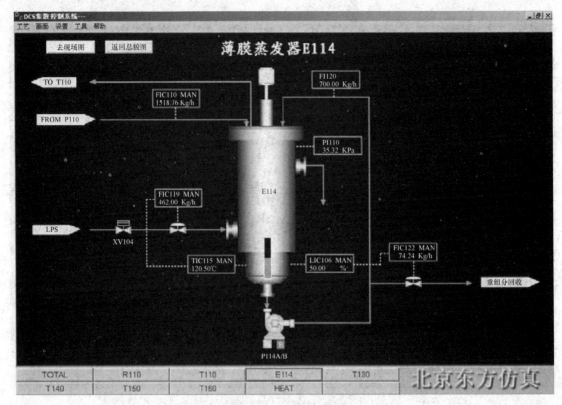

图 7-30 丙烯酸甲酯薄膜蒸发器 E114 DCS 图

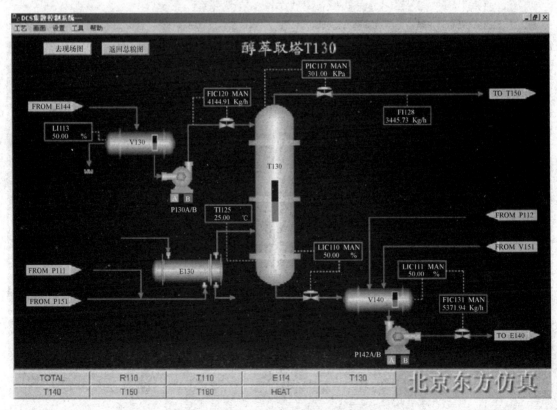

图 7-31 丙烯酸甲酯醇萃取塔 T130 DCS 图

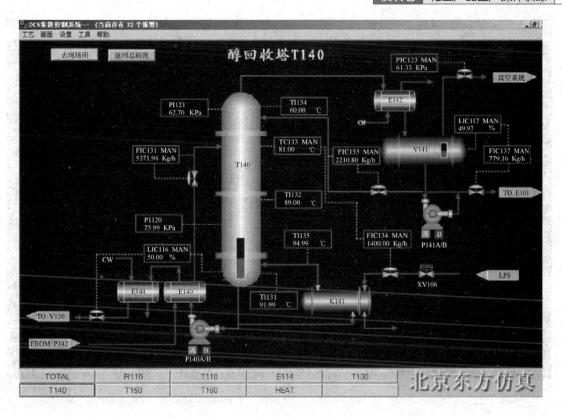

图 7-32　丙烯酸甲酯醇回收塔 T140 DCS 图

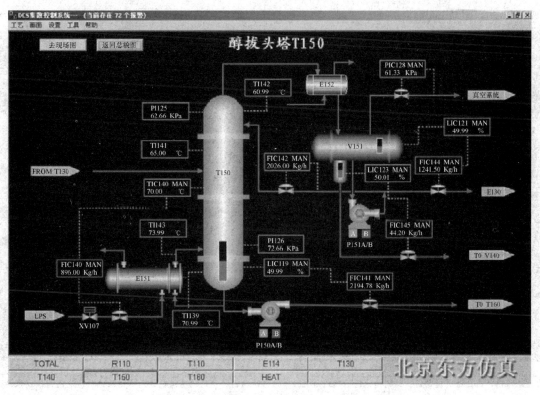

图 7-33　丙烯酸甲酯醇拔头塔 T150 DCS 图

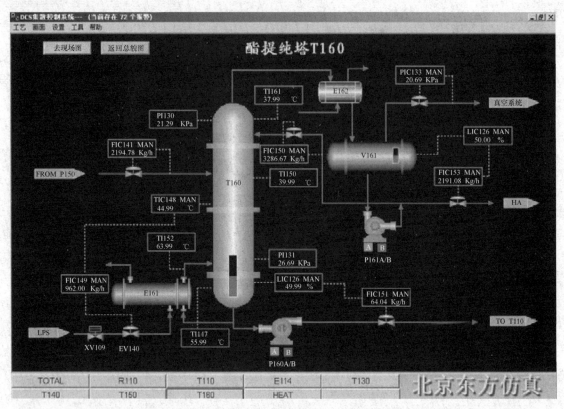

图 7-34　丙烯酸甲酯酯提纯塔 T160 DCS 图

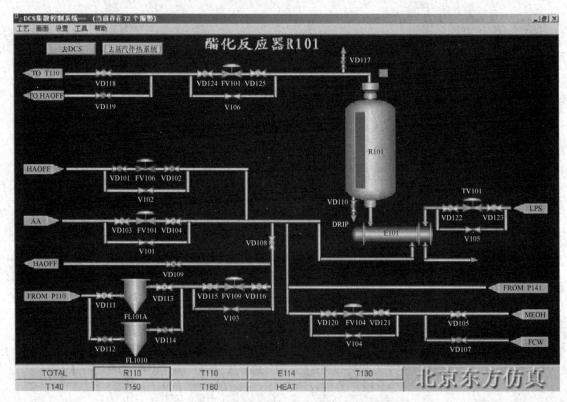

图 7-35　丙烯酸甲酯酯化反应器 R101 现场图

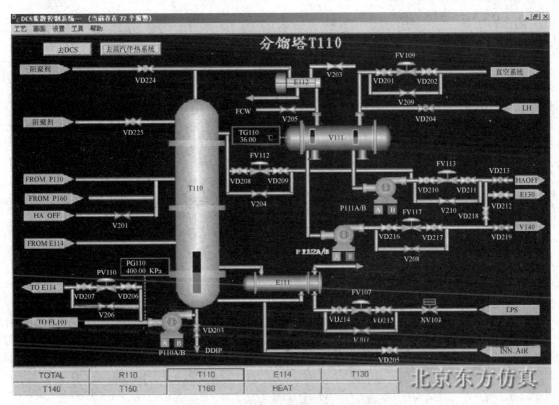

图 7-36　丙烯酸甲酯分馏塔 T110 现场图

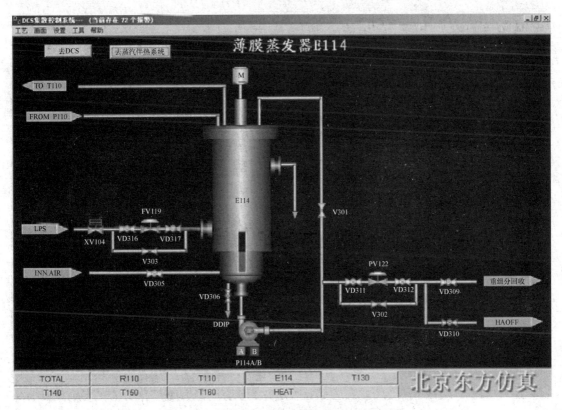

图 7-37　丙烯酸甲酯薄膜蒸发器 E114 现场图

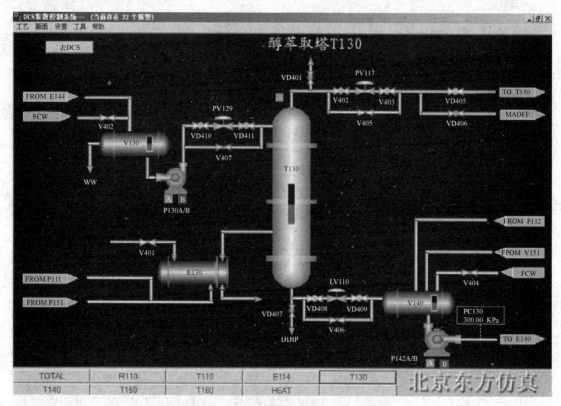

图 7-38　丙烯酸甲酯醇萃取塔 T130 现场图

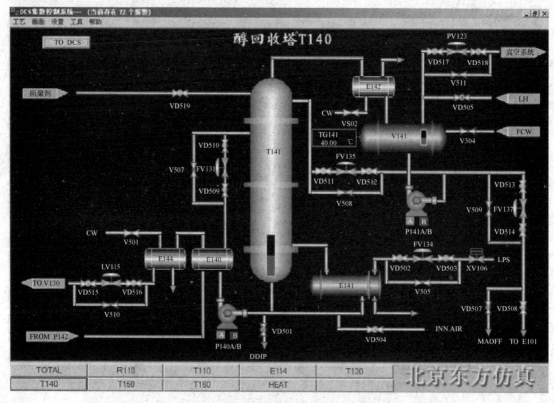

图 7-39　丙烯酸甲酯醇回收塔 T140 现场图

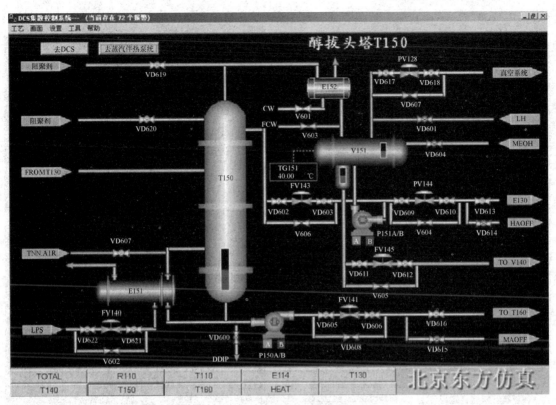

图 7-40　丙烯酸甲酯醇拔头塔 T150 现场图

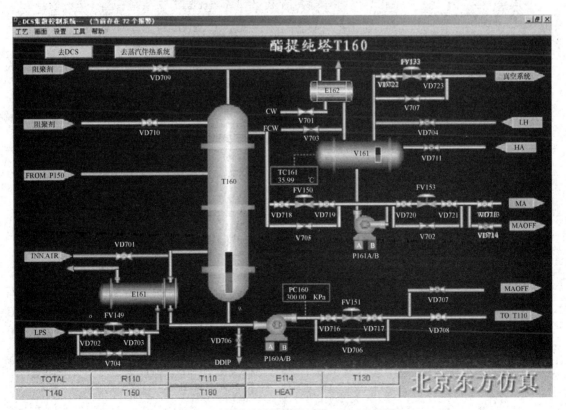

图 7-41　丙烯酸甲酯醇提纯塔 T160 现场图

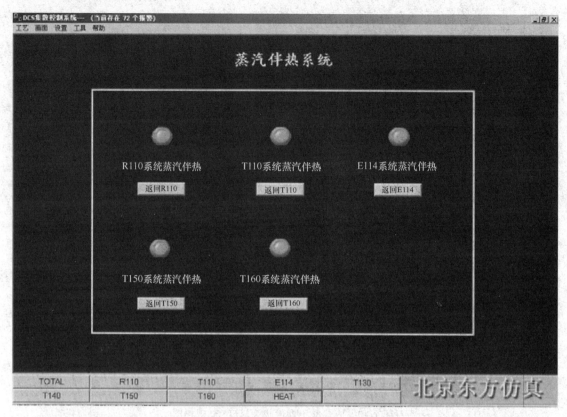

图 7-42　丙烯酸甲酯蒸汽伴热系统现场图

任务三　正常运行管理及事故处理操作训练

一、正常操作

熟悉工艺流程，密切注意各工艺参数的变化，维持各工艺参数稳定。正常操作工艺参数见表 7-27 所示。

表 7-27　正常操作工艺参数

位号	正常值	单位	位号	正常值	单位
FIC101	1841.36	kg/h	FIC110	1518.76	kg/h
FIC104	744.75	kg/h	FIC119	462	kg/h
FIC106	1741.23	kg/h	FIC122	74.24	kg/h
FIC109	3037.30	kg/h	FI120	700	kg/h
TIC101	75	℃	TIC115	120.50	℃
PIC101	301.00	kPa	PI110	35.33	kPa
FIC110	1518.76	kg/h	FIC128	4144.91	kg/h
FIC112	6746.33	kg/h	FIC131	5371.94	kg/h
FIC113	1962.79	kg/h	FI128	3445.73	kg/h
FIC117	1400.00	kg/h	TIC125	25	℃
FIC107	2135.00	kg/h	PIC117	301.00	kPa
TIC111	41	℃	FIC134	1400.00	kg/h
TIC109	69	℃	FIC135	2210.81	kg/h
TIC108	80	℃	FIC137	779.16	kg/h
TIC113	89	℃	TI134	60	℃
TG110	36	℃	TIC133	80	℃

位号	正常值	单位	位号	正常值	单位
PI104	28.70	kPa	TI132	89	℃
PI103	34.70	kPa	TI131	92	℃
PIC109	27.86	kPa	TI135	95	℃
FIC140	896.00	kg/h	TG141	40	℃
FIC141	2194.77	kg/h	PI121	62.70	kPa
FIC142	2026.01	kg/h	PI120	76.00	kPa
FIC144	1241.51	kg/h	PIC123	61.33	kPa
FIC145	44.29	kg/h	FIC151	64.05	kg/h
TI142	61	℃	FIC153	2191.08	kg/h
TI141	65	℃	TI151	38	℃
TIC140	70	℃	TI150	40	℃
TI143	74	℃	TIC148	45	℃
TI139	71	℃	TI152	64	℃
TG151	40	℃	TI147	56	℃
PI125	62.66	kPa	TG161	36	℃
PI126	72.66	kPa	PI130	21.30	kPa
PIC128	61.33	kPa	PI131	26.70	kPa
FIC149	952	kg/h	PIC133	20.70	kPa
FIC150	3286.66	kg/h			

二、事故处理

出现突发事故时，应分析事故产生的原因，并及时做出正确的处理（见表 7-28）。

表 7-28 事故处理

事故名称	主要现象	处理方法
AA 进料阀 FV101 卡	FIC101 累计流量计量表停止计数，R101 反应器压力、温度上升	迅速打开旁通阀 V101，同时关闭 FV101 及前、后阀
P142A 泵坏	①T140 塔进料流量显示 FIC131 逐渐下降至 0 ②T140 整塔温度、压力的波动 ③T140 液位降低 ④V140 液位上升	①先检查出口管路上各阀门是否工作正常，排除阀门故障后，迅速切换出口泵为 P142B ②加大出口调节阀 FV131 开度，调整 V140 液位 LIC111 至正常工况下液位后，再恢复 FV131 开度 50%
T160 塔底再沸器 E161 坏	T160 塔内温度持续下降，塔釜液位上升，塔顶气化量降低，引起回流罐 V161 液位降低	按停车步骤快速停车，然后检查维修换热器
塔 T140 回流罐 V141 漏液	V141 内液位迅速降低	按停车步骤快速停车，然后检查维修回流罐

思考题

1. 丙烯酸甲酯的合成丙烯酸和甲醇哪一个过量？原因是什么？

2. 酯化反应温度控制在多少？为什么？

3. 丙烯酸甲酯生产中的醇拔头塔作用是什么？

4. 丙烯酸甲酯生产中是如何来分离甲醇的？

5. 丙烯酸甲酯醇萃取塔中选用的萃取剂是什么？为什么？

6. 本工艺中丙烯酸是如何回收的？

7. 本工艺是采用加压还是常压反应？为什么？

阅读材料

信号报警与联锁保护

按工艺要求严格控制温度、压力等工艺参数在安全限度以内，是实现化工安全生产的基本保证。每个化学反应都有适宜的反应温度，正确控制反应温度不但对保证产品质量、产量，降低消耗有重要意义，而且也是防火防爆所必需的。温度控制不当可能引起剧烈反应，造成压力升高，导致冲料或爆炸。温度控制过高，会导致副反应增加，反应的危险性增加；温度控制过低时，则会造成反应速率减慢或停滞，一旦反应温度恢复正常时，会使某些物料冻结，造成管路堵塞或破裂，也会因未反应的物料过多而引起事故。压力是生产装置运行过程的重要参数。当管道其他部分阻力发生变化或有其他扰动时，压力将偏离设定值，影响生产过程的稳定，甚至引起各种重大生产事故的发生。投料速度不能超过设备的传热能力，否则，物料温度将会急剧升高，引起物料的分解、突沸而产生事故。加料温度如果过低，往往造成物料积累、过量，温度一旦恢复正常，反应便会加剧进行，如果此时热量不能及时导出，温度及压力都会超过正常指标，造成事故。

为了确保化工生产的正常进行，需要对重要的工艺变量（温度、压力或液位等）进行信号报警。也就是当某些工艺变量越限或运行状态发生异常时，以灯光和声响引起操作者的注意，提醒操作人员采取必要的措施，使生产恢复到正常状态，以防事故发生。而自动联锁保护系统是指发生生产事故时，在操作人员来不及处理，或者生产过程存在着严重危险的情况下，为了防止事态的进一步扩大，系统自动按照事先设计好的逻辑关系动作而采取的紧急措施，包括自动停车或自动操纵事故阀门等，从而切断与事故设备有关的各种联系，使生产自动处于安全状态。信号报警与联锁保护是对生产过程进行自动监督并实现自动操纵的一项重要措施，也是确保生产设备和人身安全的必不可少的措施之一。

参 考 文 献

［1］ 赵刚主编. 化工仿真实训指导. 北京：化学工业出版社，1999.

［2］ 杨百梅主编. 化工仿真. 北京：化学工业出版社，2004.

［3］ 陈群主编. 化工仿真操作实训. 北京：化学工业出版社，2006.

［4］ 吴重光主编. 仿真技术. 北京：化学工业出版社，2000.

［5］ 朱宝轩主编. 化工生产仿真实习指导. 北京：化学工业出版社，2002.

［6］ 刘承先，文艺主编. 化学反应器操作实训. 北京：化学工业出版社，2006.

［7］ 天津大学化工原理教研室编. 化工原理. 天津：天津科学技术出版社，1987.

［8］ 苗顺玲主编. 化工单元仿真实训. 北京：石油工业出版社，2008.

［9］ 尹美娟主编. 化工仪表自动化. 北京：科学出版社，2009.

［10］ 蔡夕忠主编. 化工自动化. 北京：化学工业出版社，2008.